U0188459

张轩中

著

物理万象

上海科学技术出版社

图书在版编目（CIP）数据

物理万象 / 张轩中著. -- 上海 ： 上海科学技术出版社，2024. 9. -- ISBN 978-7-5478-6805-8

Ⅰ. 04-49

中国国家版本馆CIP数据核字第20242DZ073号

物理万象

张轩中　著

魏　克　插图

上海世纪出版（集团）有限公司 出版、发行
上海科学技术出版社
（上海市闵行区号景路 159 弄 A 座 9F - 10F）
邮政编码 201101　　www. sstp. cn
上海普顺印刷包装有限公司印刷
开本 889×1194　1/32　印张 8.25
字数：150 千字
2024 年 9 月第 1 版　2024 年 9 月第 1 次印刷
ISBN 978 - 7 - 5478 - 6805 - 8/O・126
定价：59.00 元

序 一

文·赵 峥

北京师范大学物理系教授

中国物理学会引力与相对论天体物理分会前理事长

张轩中邀请我给本书作序,这让我想起了我与轩中20多年的交往。我对他是比较了解的,也想借这个机会把我了解的一些情况分享给各位读者。

张轩中原名张华,他是浙江绍兴人,高中毕业于春晖中学。春晖中学在民国时代曾经聚集了一批名师硕彦,如李叔同、丰子恺、朱自清、蔡元培等,他们都曾在那里讲课与讲学。近年来,美国加州理工大学物理系教授、著名引力波专家陈雁北,以及中国引力波探测计划"太极计划"首席科学家吴岳良院士等杰出学者,也在轩中的牵线搭桥下,前来春晖中学讲学。轩中也曾经跟我说过,他在春晖中学度过的三年高中时光,陶冶了他的人文与科学情操。这段经历对他的成长有着不可磨灭的影响。

后来，轩中来到北京师范大学物理系学习，从本科到研究生阶段，他陆续学习了引力与相对论专业的基础课程（包括广义相对论、整体微分几何、群论、高等量子力学、量子场论、量子统计、黑洞物理、宇宙学、弯曲时空量子场论、量子引力等），并在难度极大的现代微分几何、高维引力和量子引力等前沿领域进行钻研。在北京师范大学物理系学习期间，他听了我开设的物理学史方面的课程，并且在考试中取得了满分的好成绩，这让我开始关注到他。后来，他经常与我讨论科学史及与黑洞物理学相关的问题，我发现他思维敏捷、知识丰富，而且文笔富有感染力，是成为优秀科普作家的好苗子。

实际上，轩中在学术上属于科班出身。轩中曾经求学于北京师范大学相对论研究组，这是目前国内顶尖的相对论研究团队之一。它诞生于改革开放的初期，由著名学者刘辽教授和梁灿彬教授领导创建。在过去的 40 年中，北京师范大学相对论研究组的研究领域覆盖经典广义相对论、时空的因果结构、场方程的严格解、黑洞物理、弯曲时空量子场论、暴涨宇宙学、量子宇宙学、黑洞与时间机器、量子引力等。

轩中正是在这一学术环境中成长起来的。

本书是轩中在 2019 至 2022 年间，在北京与上海期间，利用业余时间为《科学画报》撰写的一系列专栏文章，并最终汇聚成了本书。本书以生动的笔触，不仅讲述了第一张黑洞照片背后的故事，还介绍了霍金、于敏等科学家的重大成就。同时，书中还介绍了吴健雄、温伯格等杰出物理学家的事迹，所以这也是一本包含了物理学历史的科普书。通过这些文章，读者可以一窥科学探索的奥秘，感受科学巨匠的智慧与精神。

作为轩中在北京师范大学物理系求学时的任课老师，我有幸见证了他的成长和转变。我退休后，轩中经常来我家探望，有时还带着他儿子张轲一同前来。他还协助我与其他同志在网站上开设了"赵峥讲物理"自媒体账号，分享物理知识，激发公众对科学的兴趣。轩中还与我合著了一本科普书《〈时间简史〉导读》，进一步拓展了科学普及的边界。

轩中这一路走来的人生经历，我是比较清楚的。他工作以后，一开始参与研发了我国的三重四极质谱仪，他熟悉质谱仪背后的数学物理原理。随后，他全身心投入科普事业中，采访与报道了很多重大科学事件，如巨型对撞机实验、引力波发现等。他也经常与我交流他个人生活上的一些故事，比如他离开北京后，放弃了北京户口，落户上海。

2024年5月，由浙江工业大学的黎忠恒与米丽琴等老师组织，在杭州西湖附近召开了一场引力学术、教学与科普会议。轩中作为特邀嘉宾，出席了这次会议，并在会上做了精彩的报告。报告中，他详细回顾了霍金三次访问中国的情况，以及他与霍金直接交流的情景，为与会者提供了一份有趣又珍贵的科学史资料。

　　所以，轩中的科普工作值得大家关注，我们也可以从这本书里找到轩中独特的思想与思考。希望本书能激发青年读者对现代物理学的兴趣，也期待轩中在未来的科研和科普工作中再接再厉，为科学普及做出更大的贡献。

　　　　　　　　　　　　　　　　2024 年 6 月 26 日

序 二

文·罗会仟

中国科学院物理研究所研究员

科普作家

20 年前，我从江西赣州的偏僻乡村考入了北京师范大学，就读于物理系。作为一个性格极度内向且又出身贫寒的孩子，我对大城市里的一切都是那么向往，对大学里遇到的城里同学充满了羡慕。计算机课上，我连开关机都还没学会的时候，有的同学就已开始飞速打字聊 OICQ 了。正是偶然的一次上机，我发现电脑里竟然有一部未完稿的小说，署名是"张轩中"。作为一个文艺青年，我悄悄在学校的机房里"追更"这部小说。虽然很遗憾，小说并没有完结，但在其他同学的谈论中，我得知这位轩中同学竟是我们物理系的同年级同学张华。

张华从浙江绍兴考入北京师范大学，他就读的春晖中学，那可是朱自清、夏丐尊、丰子恺、叶圣陶等文学家任教讲学的地方。可以说，张华虽在大学读的是物理，却天然带有浓浓的文学气质。当时，我们物理系有系刊《求索》，张华的文章就常常出现其中，他朴实的文笔中又不乏大胆的想象。生活中的张华，十分腼腆不爱说话，大学期间，他与我们的交流并不多，但在我们的心目中，他未来一定会成为一名作家，"张轩中"这个名字非常适合他。

大学毕业后，我来到了中国科学院物理研究所攻读硕博连读研究生，毕业后就留在物理所工作，走上了科研的道路。而轩中则留在北京师范大学物理系的相对论研究组读研究生，毕业后去了一家科学仪器公司，从事质谱仪与光谱仪的研发工作。我们俩虽然交集不多，但也偶尔一起讨论一些物理问题。后来他告诉我，他写了一本《相对论通俗演义》科普书，大胆尝试了科普小说的新体裁。再后来，他陆续出版了《日出：量子力学与相对论》《魔镜：杨振宁、原子弹与诺贝尔奖》等著作。我打心底羡慕嫉妒他，因为他终于成为一名作家，而且是用自己业余时间来做到的。受他的影响，我在博士生涯的最后一年里，迈出了科普写作的第一步，并在首届全国科学博客大赛中摘取了最高奖项。在陆续出版《十万个为什么（第六版 物理卷）》《物理学的足迹》《超导"小时代"》等书后，我顺利加入了中国科普作家协会，从此可以名正言顺自称为"科普作家"了。

我的科普书里，也能看到小说形式的叙事，我想，那一定是受到了轩中科普小说的启发。

非常开心看到轩中又出版了新书《物理万象》，这是他在业余时间为《科学画报》写的专栏文章的合集。《科学画报》创办于 1933 年，是我国历史最悠久的一本综合性科普期刊，作者名单里有竺可桢、任鸿隽、赵元任、茅以升等知识分子。这些年来，轩中在多个科学传播相关的机构或公司做了大量的科普工作，其中很大一部分是采访著名的科学家和科研机构，他曾与霍金有过面对面的交流，也多次采访丘成桐等国内外著名的科学家，也曾探访过我所在的超导国家重点实验室。轩中的科普是在采访交流之后，结合他自己的理解，写成有深度有内涵的文章，既涉及引力波、大型粒子对撞机、量子计算、高温超导等前沿科普知识，也涉及许多与人们生活相关的大众科普知识。

这本《物理万象》介绍了爱因斯坦的相对论、第一张黑洞照片、超级红月亮等科学知识，也讲述了周培源、赵忠尧等物理学家的故事，悄然从知识科普跨越到了科学史话。正如北京师范大学的"学为人师，行为师范"校训的内涵，敢于探索未知、挑战盲区、实现突破的科学家，也必定是崇尚科学、热爱科学、服务科学的楷模。我希望青少年读者们在阅读此书的时候，科学家精神会在心中生根发芽，最终成长为国家的栋梁。

轩中兄熟悉现代科学领域正在发生的事情，他的科普是新潮的、紧跟时代脉搏且充满了未来期待。近些年非常可喜的是，越来越多的科学家也主动加入科普队伍中来，实现了科技创新和科学普及的"两翼齐飞"。希望在我们共同的努力下，更多的人拥抱知识、热爱科学、崇尚创新，一起促进科普与科技的协同发展。

目　录

第四章·中国航天征程剪影：从月球探索到火星探测　157

第一章

宇宙奇观：
从宇宙起源到多宇宙探索

宇宙的起源
宇宙的年龄是多少

　　宇宙的年龄始终是一个令人着迷的话题，它不仅揭示了宇宙的起源，还关系到我们对时间和空间的认识。根据目前的科学共识，宇宙的年龄大约为 138 亿年，这一数字是通过对宇宙大爆炸理论和天文观测数据的深入分析得出的。

　　宇宙的诞生可以追溯到一次非凡的事件——宇宙大爆炸。那一刻，宇宙从一个极小的、高温度、高密度的状态开始膨胀，这个初始状态被称为奇点。据现代物理学的理论，宇宙最初的半径小于 0.000…0001 米（合计 35 个零），接近于普朗克尺度。普朗克尺度是物理学上可计算的最小的尺度，即理论上最小的尺度，但目前在技术上还无法测量这个尺度。

不断膨胀的宇宙

随着时间的推移，宇宙不断地膨胀和冷却，最终形成了我们今天所观测到的浩瀚宇宙。因此，当我们谈论宇宙的年龄时，我们实际上是在讨论从宇宙大爆炸到现在的时间跨度。为了准确地确定宇宙的年龄，科学家依赖于宇宙学理论，特别是爱因斯坦的广义相对论，以及对宇宙中各种天文现象的观测。

爱因斯坦在1916年提出的广义相对论，为我们理解宇宙的本质和演化提供了一个全新的框架。在此基础上，他进一步引入了宇宙学原理，这是一个描述宇宙均匀性和各向同性的假设。根据这一原理，宇宙中的每一个位置都是等效的，没有任何特殊之处。这意味着，无论是我们所在的银河系，还是遥远的仙女星系，它们在宇宙学的意义上并没有区别。这就如同乒乓球表面的任意一点，都具有相同的特性和外观。

基于宇宙学原理和广义相对论的深刻洞察，比利时物理学家乔治·勒梅特和苏联物理学家亚历山大·弗里德曼推导出一个革命性的理论：宇宙空间是在不断膨胀的。如果能观察宇宙空间的膨胀过程，我们就得以追溯宇宙的历史。如果能目睹宇宙大爆炸的那一刻，理论上我们就能精确地计算出宇宙的年龄。然而，宇宙大爆炸的初始状态对于现代的观测技术而言，是一个基本的科学难题。

宇宙中最早的光

但我们可以看到大爆炸后宇宙膨胀的情况。大约一个世纪前，美国天文学家埃德温·哈勃通过观测银河系外的其他星系的运动，估算出宇宙膨胀的速率，并据此推算出宇宙的年龄。然而，哈勃的估算并不准确，部分原因在于当时观测设备和技术的局限，使他无法看到更古老的宇宙。

1998年，新一代的天文学家通过对一类特殊的超新星观测后发现：宇宙不仅正如哈勃所言那样在膨胀，而且自大约46亿年前，也就是地球形成的年代起，宇宙就开始了加速膨胀。然而，通过观测超新星来估算宇宙的年龄，依然不准确。因为宇宙大爆炸之后的最初2亿年内，宇宙中并没有形成超新星，甚至还没有形成恒星。为了更精确地计算宇宙的年龄，我们需要回望更远的过去，观测宇宙最早期的状态。

在这一追求中，宇宙微波背景辐射成了关键的线索。其实，宇宙中最早的光就被称为宇宙微波背景辐射。这是大爆炸后留下的热辐射遗迹，充满了整个宇宙。

2013年至2016年，天文学家利用位于智利阿塔卡马沙漠中的一个高海拔天文望远镜，对宇宙微波背景辐射进行了新的观测。这次观测结果显示：宇宙的年龄约为137.7亿年，误差范围在±4000万年之间。这一结果与2013年欧洲航天局的普朗克卫星对宇宙微波背景辐射的测量结果相互验证，两者都指向了宇宙年龄约为 138 亿年。这一成就不仅是天文学的一个里程碑，也是科学理论与精确观测相结合、相互验证的胜利。

宇宙大爆炸
谁是第一个化学反应产物

2019 年，科学家从行星状星云 NGC 7027 中探测到氦合氢离子（HeH^+），这是人类首次在宇宙中探测到这种离子。那么，作为元素周期表中的第一号元素氢和第二号元素氦，在宇宙大爆炸后究竟先有氢还是先有氦呢？

先有氢还是先有氦

在宇宙的浩瀚史诗中，氢与氦这两大元素扮演着至关重要的角色。宇宙大爆炸的早期阶段，经历了一个被称为"原初核合成"的重要时期。在这一时期，宇宙中的基本粒子开始组合形成更复杂的结构：首先是氢原子核的形成，紧随其后的是氦原子核的生成。

氢原子核本质上就是质子。根据爱因斯坦提出的质能方程式 $E = mc^2$，我们可以推断出，在宇宙温度降至大约 93 800 亿摄氏度时，氢原子核就在宇宙中诞生。通过与宇宙大爆炸开始时的普朗克能标做比对，再根据宇宙早期以辐射为主的特点，我们可以得出：氢原子核（质子）在宇宙大爆炸后 1 秒钟就形成了。

相对于氢原子核的迅速形成，氦原子核的产生则稍显缓慢。宇宙大爆炸后 3 分钟，氦原子核才开始逐渐形成。因此，从原子核的角度来看，氢原子核的出现早于氦原子核。然而，当我们谈论完整的原子——包括原子核与电子时，情况则有所不同。在宇宙大爆炸的早期，氦原子的形成要早于氢原子。

天文学家通过观测天文现象的光谱线，揭开了宇宙大爆炸早期历史的一幕。我们知道，宇宙大爆炸之后，宇宙开始膨胀。随着宇宙的持续膨胀，空间被拉伸，远古时期的光线在穿越浩瀚的时空后，其波长也跟着空间的拉伸而变长，这一现象被称为"红移"。

一般来说，红移不仅是一种光谱现象，更像是一把钥匙，帮我们解锁宇宙学意义上的"时间"：红移越大，对应的时间就越早。通过测量天体发出的光的红移，我们可以推算出这些天体的年龄和距离，进而构建宇宙的历史和演化图景。

特别值得一提的是，宇宙微波背景辐射的发现，是宇宙大爆炸理论的有力证据之一。大约在宇宙诞生后的 38 万年，光子获得了"自由",不再与周围的电子频繁相互作用,它们开始自由传播,最终形成了我们今天所能观测到的宇宙微波背景辐射。通过对宇宙微波背景辐射的研究,我们能窥见宇宙的"婴儿期",理解宇宙的起源、结构和演化。在天文学中,宇宙诞生后的 38 万年对应的约是红移 1100 的时候。

中性的氦原子在大约红移 2000 时出现,而中性的氢原子则在红移 1100 时形成。红移的数值越大,表示距离现在的时间越久远。由此揭示了氦原子是宇宙中第一个出现的原子。

寻找宇宙中的氦合氢离子

氢与氦的出现,为宇宙的物质基础奠定了基石。20 世纪 70 年代,天文学家提出,中性氦原子与质子结合形成了氦合氢离子(HeH^+),这可能是宇宙中的第一个化学反应。HeH^+ 被认为是宇宙中最早的分子离子,其在宇宙中的存在一直是科学家探索的焦点。

早在 1925 年,化学家霍格内斯与伦恩在实验室中首次合成了 HeH^+。然而,科学家始终没有在宇宙中发现 HeH^+ 的踪迹。

直到 2019 年,科学家才取得了突破。美国国家航空航天局与德国航空航天中心联合,通过同温层红外天文观测台(SOFIA)搭载的高分辨率 GREAT 分光仪,探测到来自行星状星云 NGC 7027 的 HeH^+ 发射的红外线。这一发现标志着 HeH^+ 在宇宙中的存在得到了证实。

　　尽管这一发现令人瞩目，但 HeH^+ 并非是在宇宙早期形成的。NGC 7027 距离地球仅 3 000 光年，从宇宙学的角度来看，这实际上是一个相对较近的距离。此外，观测到的 HeH^+ 谱线的红移为零，这一事实进一步证实了它并非来自宇宙的早期。因为正如前文所言，如果 HeH^+ 来自宇宙早期，那么其红移应该介于 1100（氢原子形成时期）与 2000（氦原子形成时期）之间，接近于宇宙微波背景辐射的红移。因此，如果要确证 HeH^+ 是宇宙中的第一个分子，我们就需找到 HeH^+ 的高红移谱线，这样才能证明其古老性。

　　HeH^+ 的本质令人着迷。化学家推测，它可能是宇宙中最强的酸。HeH^+ 由氦原子和质子构成，质子在其中完全裸露。这就使 HeH^+ 能捕获与之碰撞的任何物质分子中的电子，从而展现出极强的酸性。这一特性，不仅为我们提供了研究宇宙早期化学反应的新视角，也为我们理解宇宙的演化历程提供了宝贵的线索。

知识卡片

▶ 测量宇宙中物质发出的光线的红移，已成为研究宇宙的工具之一。它不仅证实了宇宙膨胀的理论，还为我们提供了一种观测和理解宇宙历史的方法，极大地丰富了我们对宇宙的认知。通过对红移现象的深入研究，天文学家将揭示宇宙的更多秘密，为我们描绘出一个更完整和生动的宇宙图景。

拍摄黑洞
黑洞照片背后的故事

  2019 年 4 月 10 日，全球 6 个地区的天文台同步发布了人类历史上第一张黑洞照片。这不仅是对黑洞物理的直接揭示，也是天文学技术和国际合作的杰出成就。

  黑洞的表面叫作"事件视界"，而用来观测与拍摄黑洞表面的射电望远镜被称为"事件视界望远镜"。事件视界望远镜并非单一的仪器，而是一个由全球 8 个射电望远镜组成的虚拟网络。这些望远镜分布在不同的地理位置，通过精密的时间同步和数据处理技术，形成了一个口径相当于地球直径大小的超级望远镜。这种技术称为甚长基线干涉测量（VLBI），它极大地提高了望远镜的分辨率，使得我们能够在地球上捕捉到宇宙中神秘而遥远的天体。

观测黑洞的关键

射电望远镜的分辨率与其口径成正比，与观测波长成反比。射电望远镜通过接收射电波（一种波长较长的电磁波）来观测天体。射电波的波长范围从毫米到厘米，远大于可见光的波长（380～780 纳米）。为了在射电波段获得与可见光相当的分辨率，理论上需要一个巨大的望远镜——口径几千米的射电望远镜。但在实际工程建造中，这是几乎不可能实现的。

如果射电望远镜的口径过大，支撑力与轴承压力就会很大，而且，重力、温度、风力等因素会对望远镜自身应力的改变造成巨大影响。目前，位于我国贵州的 500 米口径球面射电望远镜"中国天眼"（FAST）已经做到了口径的最大极限，但是离几千米口径还有很远的距离。因此，建造单口径上千米的射电望远镜是不可行的。

位于我国贵州的 500 米口径球面射电望远镜"中国天眼"

在这个困境中，甚长基线干涉测量（VLBI）技术应运而生，它将望远镜放在全球不同位置，通过后期数据处理得到分辨率大幅提高的天文照片。VLBI技术中，望远镜之间的距离被称为基线，基线越长，形成的干涉望远镜阵列的分辨率越高。美国、欧洲和亚洲均已建成基线达几千千米的VLBI观测网。全球各地众多望远镜联合而成的事件视界望远镜，其相机的有效口径相当于我们地球的直径——在地球上，再没有比地球直径更大的口径了。

中国科学院上海天文台在这次黑洞照片的数据处理中发挥了重要作用，展示了中国科学家在全球科学研究中的重要地位。然而，由于地理位置的限制，中国的射电望远镜并未直接参与到这次观测中。因为本次黑洞观测使用的射电望远镜都位于西半球，而我国的射电望远镜处于东半球，无法实现时间上的同步观测。时间上的不同步就导致测量的信号不一致，也就无法进一步分析。这一挑战也提示我们，未来的天文观测需要更广泛的国际合作和资源共享。

黑洞的"发光"现象

尽管黑洞本身不发光，但其强大的引力能吞噬周围的星际物质，形成炽热的吸积盘。这些星际物质在被黑洞吸积的过程中会旋转加速，产生光辐射。这就使得黑洞看起来似乎在发光。实际上，科学家可以通过观测这些吸积物质发的光，间接观测黑洞的轮廓。从这个意义上来说，事件视界望远镜看到的光辐射不是黑洞本身发出的，而是黑洞"吃东西"时那些被吃的"食物"发出的。

黑洞吸积时，吸积物质发的光不但有可见光，也有 X 射线和射电波。其中，可见光很容易被星际尘埃阻挡。与此同时，地球上的大气层阻挡了 X 射线的穿透，因此 X 射线波段的天文望远镜都安装在了遨游太空的卫星上。而射电波的波长较长，能绕过星际尘埃，直接到达地球。这使得射电望远镜成为在地球上观测黑洞等天体的理想工具。

值得一提的是，肉眼不可见的射电波给黑洞拍照后，科学家在对照片进行数据处理时，给照片涂上了红色，所以大家在新闻发布会上看到的那张像烧红了的煤球的照片，其实是黑洞的"艺术照"。

银河系中心的黑洞照片

随着事件视界望远镜项目的成功实施，继 2019 年发布了人类历史上第一张黑洞（其位于遥远的星系 M87）照片后，2022 年 5 月，全球众多天文台包括中国科学院上海天文台在内的科学家，联合向世界展示了银河系中心的超大质量黑洞的照片。

那么，为何银河系的中心会存在一个黑洞呢？银河系是一个由万有引力维系的庞大恒星家族。只有黑洞这样的庞然大物，才能凭借其巨大的引力，牵引着包括太阳在内的无数恒星围绕着银河系中心公转。因此，天文学家早已通过观测和计算得知，银河系中心存在着黑洞。但之前对于如何给这一黑洞拍照，一直束手无策。毕竟，银河系中心距离我们太阳系约有 2.7 万光年之遥。人类要在这样的距离上拍摄银河系中心的黑洞照片，就如同站在喜马拉雅山的顶峰试图拍摄到北京街头某只蚂蚁的细微特征一样，可谓难度之大。

2022 年，事件视界望远镜通过给银河系中心黑洞拍照，不仅确认了银河系中心的黑洞与之前观测到的"人马座 A*"是同一个天体，还揭示了银河系中心黑洞的真实面貌。科学家根据这张黑洞照片，计算出银河系中心的黑洞质量超过了太阳质量的 400 万倍。

尽管黑洞照片的分辨率有限，但它标志着人类对宇宙的认知迈出了重要的一步，也为未来的天文研究提供了宝贵的数据和经验。这一成就与引力波的直接探测一样，成为 21 世纪天文学的重要里程碑，预示着未来在探索宇宙奥秘的道路上，我们将会取得更多的突破。

───────── **知识卡片** ─────────

▶ 黑洞的表面被称为"事件视界"。事件视界是黑洞的边界，标志着以事件视界为边界的时空区域内的所有物质和辐射都无法逃逸到外部区域。

▶ 在事件视界之内，引力是如此之强，以至于没有任何已知的力量能够逃脱它，即使是以光速运动的物质也无法逃脱。因此，我们无法直接观察到事件视界之内的任何事物，这也是黑洞名称的由来。

超级红月亮
天文学中的视觉奇观

　　2021 年 5 月 26 日的夜晚，中国北京等地的天空，上演了一场天文奇观——月全食。这一夜，月亮不仅显得异常庞大，更是披上了一层神秘的红色外衣，被人们称为"超级红月亮"。

　　月食，总是吸引着无数人仰望星空。我们知道，月球绕着地球公转，当月球进入地球的阴影区时，太阳发出的光线被地球遮挡，对于地球上的观察者（位于月球和地球之间的地区）而言，月球的一部分或全部暂时消失在阴影中。这就形成了月食现象。

　　月食只能发生在满月时（农历十五日前后），因为只有在这个时候，太阳和月球在天空中的相对位置形成 180° 的角。那时，整个月面被遮挡，所以只要天清气朗，人们就能清楚看到月食。然而，并非每次月食都会上演月全食。因为月球绕地球运行的轨道相对于地球绕太阳的轨道（黄道面）有一定的倾斜，也就是说，地月平面与日地平面之间的夹角约为 5°。因此只有在特定的时刻，即满月时且月球恰好穿过黄道面，我们才能有幸目睹月全食的壮丽景象。

"近大远小"

这次的超级红月亮看起来异常庞大和明亮，是因为它将月亮的自然之美和天文学的精确之美结合在了一起。

所谓超级月亮，意思是说月球看起来特别大。我们从地球上看月球，其大小与月球跟地球之间的距离有关——同一个月亮，距离越远看起来就越小，距离越近看起来就越大，这就是"近大远小"。

月球以椭圆轨道绕着地球转动，这意味着月球与地球之间的距离在其公转周期内会发生变化。地球与月球之间的平均距离约为 38.44 万千米，但当月球位于近地点，即轨道上离地球最近的点时，地月之间的距离可缩短至 35.7 万千米左右。这种距离的变化造成了我们从地球上观察到的月亮大小的变化。此次超级红月亮期间，月球处于近地点附近，其视直径比平时的满月视直径增大了 12% 左右。这不仅是一个数字上的变化，更是一个视觉上的震撼。

为何红

超级红月亮呈现出迷人的微微泛红的现象，其实是源自地球大气层中的一种物理过程——瑞利散射。当月全食发生时，地球位于太阳和月球之间，地球会遮挡住直射月球的太阳光。然而，地球的大气层是透光的，它允许某些波长的光线穿透并照射在月球上。

我们知道，太阳光包含了全光谱的光线，涵盖了从紫外线到红外线的各种波长的光。在这些光线中，我们的眼睛能感知到的是可见光，它由红、橙、黄、绿、青、蓝、紫七种基本颜色组成。每种颜色的光都拥有其独特的波长，正是这些不同的波长让我们的世界变得五彩缤纷。

然而，当这些可见光穿越地球的大气层时，它们会受到大气中气体分子的影响，发生散射现象。在这种情况下，光子与大气中的气体分子相互作用，导致光线的传播方向发生改变。

具体来说，瑞利散射是一种发生在大气分子上的散射现象，它对短波长的光（如蓝光和紫光）的散射效果比对长波长的光（如红光）更为显著。这就导致更多的短波长的光被散射掉，而红光波长较长，受瑞利散射的影响较小，能有效地穿透大气层并投射到月球表面。当这些红光从月球表面反射回地球时，我们的肉眼就能感知到月球呈现出一种独特的红色调，形成了美丽的"红月亮"。

　　值得注意的是，这种红色并不是月球本身的自然颜色，而是地球大气层对太阳光的散射作用赋予了月球一种视觉效应。这种效应不仅为我们带来了视觉上的奇观，也为我们提供了对大气光学和天体运动的深刻理解。通过观察和研究这些自然现象，我们能更好地认识我们所居住的星球，以及它在宇宙中的奇妙位置。

宇宙中最高能的光子
来自宇宙深处的信号

在探索宇宙奥秘的征途中,科学家不断取得突破性的进展。2019年,我国西藏羊八井宇宙射线观测站传来了令人振奋的消息:中日科学家合作团队在此成功探测到了迄今为止能量最高的宇宙伽马射线。这一发现刷新了人类对宇宙射线能量的认知。

伽马射线是一种波长很短的电磁波,伽马射线光子不带电,因此不受银河系磁场影响,在直线传播过程中不会发生偏转,这使得科学家能根据其传播方向精确地定位射线源。

这次探测到的24个极高能光子中,有一个光子的能量达到了惊人的450太电子伏,这一数值是当时国际上已有记录的高能光子能量(75太电子伏)的6倍。我们可以把这个高能光子的能量想象成一只苍蝇在空中飞行时所具有的动能。在微观粒子世界中，这无疑是一个巨大的能量级别，远远超过了地球上最强大的粒子加速器（欧洲大型强子对撞机）中电子的动能（7太电子伏）。

探测高能光子

那么，这些高能光子是如何被探测到的呢？答案藏在宇宙射线的探测原理中。高能光子来自宇宙射线。宇宙射线的来源非常广泛，黑洞喷射、超新星爆发、类星体辐射等天体物理过程都会发射出高能射线，这些高能射线到了地球上就可以形成各种宇宙射线信号。科学家只要在地面上"守株待兔"，就能获得这些来自宇宙深处的信号。

然而，这些高能光子并不是直接被探测到的。西藏羊八井观测站所探测到的，实际上是由高能光子与地球大气层中的空气分子碰撞后产生的粒子——缪子。缪子是一种不稳定的带负电粒子，性质类似于电子，但其质量更大，穿透能力更强。在羊八井，科学家利用一个埋藏在地下 2.4 米深、面积约 3400 平方米的缪子探测器——这个巨大的"水槽"能收集到穿透大气层的缪子信号。缪子打到水中会发出微弱的光芒，根据这些光可以确定它们的踪迹。通过对这些缪子信号的精确分析，科学家能反推出它们是由高能光子与空气分子相互碰撞产生的，进而推断出光子的能量。

"有故事"的星云

经过深入分析，科学家发现这个最高能的光子来自银河系内的蟹状星云。这个星云位于金牛座，是一个"有故事"的星云。

《宋史》中记载，在 1054 年，宋朝的天文学家就详细记录了该星云中的超新星爆发的现象，史称"超新星 1054"事件。宋朝的《宋会要》一书就记载了当时的天文现象："嘉祐元年三月，司天监言：'客星没，客去之兆也'。初，至和元年五月，晨出东方，守天关，昼见如太白，芒角四出，色赤白，凡见二十三日。"

这个蟹状星云距离地球 6500 光年左右，其内部的脉冲星是产生高能粒子的重要源头。脉冲星是一种高速旋转、具有强磁场的中子星。伴随着脉冲星的高速旋转，星体的两极发射出电磁波，一阵儿一阵儿地扫射到地球上。从地球上观察，脉冲星的这种信号就像脉搏跳动一样，具有规律性和稳定性。

那么，蟹状星云是如何产生高能光子的？科学家推测，这可能是由于星云中的高能电子与宇宙微波背景辐射的光子发生了逆康普顿散射。

1923 年，美国物理学家阿瑟·康普顿与中国留学生吴有训在实验室研究 X 射线时，发现了康普顿散射现象，即从光子中可以打出电子，但光子被电子弹回来的时候，光子的能量会减少。而所谓的逆康普顿散射是指高能电子与低能光子相碰撞后，低能光子的能量会增加。

天文学家认为：蟹状星云中，极高能的电子与宇宙微波背景辐射的光子相互碰撞，把光子的能量提高到了 450 太电子伏。这就像一辆高速列车撞击一个篮球后，使篮球获得很高的动能一样。这一发现不仅为我们揭示了宇宙中极端环境下的物理过程，也为未来的高能天体物理研究开辟了新方向。

知识卡片

▶ 中子星是恒星演化过程中可能形成的一种天体。

▶ 中子星的密度极高，其质量约为太阳的 1.4～2.16 倍，其直径却只有一座城市的直径那么大。在这样的密度下，原子的结构被破坏，电子和质子结合成中子，整个星体几乎完全由中子构成。中子星的表面重力非常强，大约是地球表面重力的数百亿倍。

▶ 某些中子星拥有极强的磁场。这些磁场可以在星体周围形成辐射带，产生 X 射线和伽马射线等高能辐射。此外，如果中子星以极快的速度自转，它们还可能成为脉冲星，以极其规律的周期性发出电磁辐射脉冲。

来自银河系外的重复信号
快速射电暴背后的真相

　　2019 年 1 月，国际学术期刊《自然》发布了两篇论文，报道了加拿大氢强度测绘实验（CHIME）射电望远镜探测到一系列、重复出现的、来自银河系外的快速射电暴（FRB）。而这些信号的来源和性质仍是未解之谜。一些媒体以夸张的方式声称这些信号可能是"外星人入侵地球的信号"，还有人想象这些信号是"由正在前往地球的外星舰队的光帆发出的"，甚至有人模仿刘慈欣科幻小说《三体》中的情节，探讨"要不要回答这些外星人"。

　　快速射电暴是指宇宙中突然出现无线电波爆发，它们在极短的时间内释放出巨大的能量——几毫秒内就释放出相当于太阳一整天的辐射能量总和。这次探测到的编号为 FRB180814 的快速射电暴，在距离我们 15 亿光年的宇宙深处爆发，且至少重复出现了 6 次。在以往的观测记录中，可重复出现的快速射电暴极为罕见，所以这次发现的快速射电暴以其"稀缺性"而显得尤为珍贵。

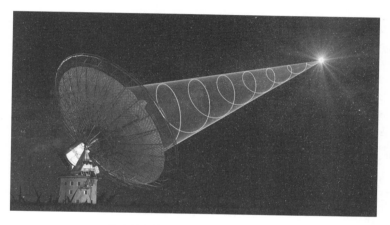

快速射电暴是由射电望远镜探测到的

探测技术的挑战

实际上，人类迄今为止探测到的快速射电暴的数量很少，主要原因是地球上用于探测这类现象的射电望远镜数量有限。这就好比在战争时期，没有雷达我们就无法探测到夜空中的飞机；如果雷达的数量有限，我们能探测到的飞机数量自然也就有限——但这并不意味着实际在空中飞行的飞机真的很少。同理，快速射电暴的数量很少，更多地反映了我们观测能力的有限，而不是它们在宇宙中的真实分布情况。

那么，为什么地球上的射电望远镜很少能探测到重复出现的快速射电暴？这可以归结为两个关键因素。

时间分辨率的限制·快速射电暴的持续通常只有几毫秒，这就要求射电望远镜具备极高的时间分辨率，如此才能捕捉到这样短暂的信号。比如，位于我国新疆的天籁计划射电望远镜组，其时间分辨率达到秒级，难以捕捉到毫秒级别的快速射电暴。这就好比我们的肉眼无法观察到空气中的单个分子一样。

空间指向和视野范围·地球上的射电望远镜通常具有固定的空间指向，且视野范围小。这意味着它们只能观测到特定区域内的快速射电暴。以我国贵州的 500 米口径球面射电望远镜为例，尽管其灵敏度较高，但其无法观测到视野范围之外的快速射电暴。

快速射电暴的起源

快速射电暴到底来自什么样的天体物理过程？目前还不清楚。但可以肯定的是，重复的快速射电暴绝对不是来自一次性的天文事件（如超新星爆炸），而更可能是由某种持久的天体物理过程产生的。

雷雨天中，闪电和雷声不断地重复发生，人们通过观察闪电和雷声之间的时间差，计算出闪电发生位置与地面之间的距离。类似地，重复性的快速射电暴也为科学家提供了一定的线索——它们可能源自类似于脉冲星的天体，这些天体拥有极强的磁场。然而，关于快速射电暴的具体产生机制，目前还没有确切的共识。

至于如何确定快速射电暴的发生位置距离地球的远近，科学家依靠对快速射电暴色散的测量。快速射电暴本质上是一种电磁波，当它穿越宇宙中的电子气体时，会遇到色散现象，类似于光线通过棱镜时形成彩虹。色散越大，意味着快速射电暴的发生位置距离地球越远。然而，这种估算方法可能存在较大的误差。

其实，在广袤的宇宙中，存在重复的电磁信号并不是什么稀奇的事情。宇宙中的重复信号被当作来自外星人的信号，也是有先例的。

1967 年，英国剑桥大学的研究生乔瑟琳·贝尔在射电望远镜中发现了重复的信号。有人推测这可能是外星生命"小绿人"尝试与人类联系的迹象。后续的科学研究表明，这些信号源自一种全新的天体——脉冲星。这一发现不仅丰富了天文学的知识体系，也为乔瑟琳·贝尔的导师安东尼·休伊什赢得了 1974 年的诺贝尔物理学奖。

科学上，单一的证据是不足以支撑任何结论。我们需要积累更多的观测数据和进行严谨的分析，才能对宇宙中的智慧生命存在与否做出更加合理的判断。

　　科学是一项严谨的探索活动，它要求我们以批判的眼光看待每一个新现象，用合理的方法和知识来武装自己的头脑。在面对未知时，我们应当保持理性和冷静，避免盲目接受他人的观点，学会独立思考和科学分析，这才是对待宇宙探索的应有态度。

白矮星上的爆炸闪光
新发现的天体爆发模式

  2022 年 4 月，英国杜伦大学的天文学领域研究人员在国际学术期刊《自然》上发表了一篇颇具新意的论文。该论文表明，美国国家航空航天局的凌日系外行星巡天卫星（TESS）项目团队在处理天文观测数据时，发现某些白矮星出现了只持续几小时的明亮闪光。这一现象引起了研究团队极大的兴趣，他们随后利用欧洲南方天文台的甚大望远镜（VLT）进行了深入观察，证实了这些闪光是由白矮星上的爆炸引起的，且这些爆炸仅发生在拥有强磁场的白矮星上。这一新发现的天体爆发模式，被命名为"微新星爆发模式"。

白矮星与新星爆发

首先，我们来解释一下什么是白矮星。白矮星是一种暗淡无光的小质量星体，它是小质量恒星演化到晚年的产物。根据印度物理学家苏布拉马尼扬·钱德拉塞卡和中国物理学家李政道等学者的计算，白矮星的最大质量不超过太阳质量的1.44倍。白矮星主要由碳构成，但星体外部往往会覆盖一层较薄的氢气与氦气，这些气体的密度一般不大。白矮星在亿万年的时间里逐渐冷却、变暗，由于光度较低，很难被人类观测到。天狼星B是最著名的白矮星之一，它是天狼星系统的伴星。天狼星B的质量约为太阳质量的1.05倍，半径比地球半径稍小一些。

其次，我们来解释一下什么是新星爆发。新星爆发一般是指超新星爆发，即大质量恒星（其质量为太阳质量的8倍以上）演化到晚期而发生的剧烈爆炸，亮度可增加数十亿倍。历史上，中国宋朝就记录了一次超新星爆发，那次爆发产生的亮光足以使人们在白天都能从空中看到，且持续时间长达23天。这篇发表在《自然》上的论文所描述的并不是超新星爆发，而是一种小质量星体发出的光，且发光时间很短，只有几小时。由于其新奇性，且微聚变爆发强度约为新星爆发强度的百万分之一，科学家称之为"微新星"。尽管微新星的名称中有"微"一词，但实际上微新星现象是极其强大的爆发，据推测，一颗微新星爆发时会燃烧约 2 亿亿吨质量的氢气。

微新星

那么，微新星是怎么产生的呢？如果某个白矮星附近有一颗伴星，那么依靠引力，白矮星也许可以用"吸星大法"从伴星那里吸一些氢气到自己身边。而且，如果白矮星有强大的磁场，那么就可以利用强大的磁场将氢气引至自己的南北两极。当这些氢气在白矮星炽热的表面累积到一定质量时，就会引发微新星爆发——氢气转变为氦气，并释放巨大的能量。这就相当于发生了氢弹爆炸，光芒四射，照亮了周围的宇宙空间。这类爆发是局部的，仅限于白矮星两极的磁场范围内。

然而，太阳上也发生着类似的氢弹爆炸，为什么太阳不叫作微新星呢？这里有两个区别：首先，太阳不是白矮星；其次，太阳上的爆发是全方位的，均匀地发生在太阳内部，而微新星上的爆发是局部的，只发生在星体的南北两极强磁场区。

微新星爆发事件实际上在宇宙中相对常见，但由于它们发生的速度太快，天文学家很难捕捉到它们的活动过程。科学家希望利用大规模的巡天观测去捕捉那些转瞬即逝的微新星爆发细节。

从地球到火星
"洞察号"的火星之旅

2018 年 11 月 27 日，美国国家航空航天局的"洞察号"火星地质探测器在火星表面实现了软着陆，并向地球传回了首张火星表面的照片。

"洞察号"的旅程从地球出发，历时 205 天，穿越太空，最终抵达了目的地——火星。这一飞行时间相较于历史上的飞往火星的其他探测任务而言，处于一个相对标准的范围内。比如：1975 年的"海盗 1 号"则飞行了 300 多天，2001 年发射的"2001 火星奥德赛号"飞行了 200 天。以往这些任务的成功，为"洞察号"的发射和着陆提供了宝贵的经验和数据。

"洞察号"火星地质探测器

谁决定了飞行时间

然而，为何我们无法在短短几十天内就抵达火星呢？这背后涉及太阳系内天体运动的规律和飞行器的运动轨迹。从空间位置来看，火星与地球都围绕太阳进行近似圆周运动，火星的轨道半径大于地球的轨道半径。也就是说，以太阳为中心，火星在地球的外面，它们的轨道组成了两个同心圆。

由于火星和地球绕太阳运动的角速度是不同的，所以它们之间的距离会不断发生变化。最近时，两者相距约 5 460 万千米，而最远时则可达 4.01 亿千米。但是，从地球到火星的飞行器无法以直线路径行进，因为直线路径意味着消耗大量燃料，这对于飞行器来说是无法承受的。

实际上，飞行器从地球到火星要沿着一个椭圆轨道，可以借助太阳的引力来维持飞行——类似于太极拳中的"四两拨千斤"原理。这种轨道设计使得飞行器能在不消耗过多燃料的情况下，实现长距离的星际旅行。

飞行动力靠太阳引力

值得一提的是，很多人可能存在一些误解，认为"洞察号"是依靠太阳能帆板或动力电池来产生能量，维持飞行。然而，这些都是不正确的。实际上，"洞察号"的飞行动力主要来自太阳的引力。太阳的引力不仅塑造了"洞察号"的椭圆轨道，而且使太阳位于这个椭圆轨道的其中一个焦点上。因此，"洞察号"的飞行时间是由太阳的引力决定的，这是一个被动的飞行过程。换句话说，太阳对它的引力越大，它就飞得越快，飞行速度不是"洞察号"自己可以调节的。这与我们日常生活中开汽车不同，毕竟汽车速度可以由驾驶员来控制。

要深入理解这一过程，我们需要借助开普勒第三定律。根据这一定律，一个飞行器绕太阳做椭圆轨道飞行的时间的平方与其轨道半长轴的立方成正比。对于"洞察号"而言，其轨道的半长轴是地球轨道半径与火星轨道半径之和的一半。通过地球和火星绕太阳的飞行周期，我们可以计算出它们的轨道半径，进而得出"洞察号"绕太阳一圈的时间，也就是从地球飞到火星所需要的时间。

新一代天文观测的起点
韦伯太空望远镜

2021 年 12 月，历经多年的精心准备和期待，詹姆斯·韦伯太空望远镜（简称韦伯太空望远镜）终于成功发射升空。这座天文望远镜虽然由美国完成建造，但其发射地点是在位于南美洲法属圭亚那的欧洲航天发射中心。

美国本土就拥有多个航天发射中心，为什么还要舍近求远去南美洲发射火箭呢？因为圭亚那靠近赤道，而赤道地区是地球上自转的线速度最快的地带。在这样的地理位置发射火箭，可以有效地利用地球自转产生的"离心力"，从而为火箭提供额外的加速度，这在很大程度上有助于节省燃料消耗，提高发射效率。

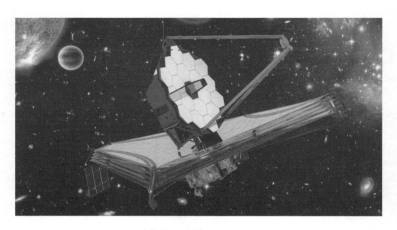

詹姆斯·韦伯太空望远镜

　　此次发射任务采用的是由欧洲航天局研发的阿丽亚娜5号火箭。这款火箭以其成熟稳定的性能而闻名，其整流罩直径达5.4米，是现有火箭中较大的一种。韦伯太空望远镜在经过折叠后，被稳妥地安置于整流罩内，待发射到太空中后，再进行展开操作。

拉格朗日点

　　经过一段漫长的旅程后，韦伯太空望远镜预期将抵达一个特殊的空间位置——地球与太阳之间的引力平衡点，即拉格朗日 L2 点。

　　拉格朗日点是天体力学中的一个概念，与牛顿的万有引力定律密切相关。在宇宙中，天体受到的引力作用极其复杂，卫星不但受到地球的万有引力，还受到太阳的万有引力的作用。

根据混沌理论，在大多数情况下，即使只涉及三个天体，我们也无法长时间精确预测各天体的运行轨道。然而，在所谓的"三体问题"中，拉格朗日点（拉格朗日 L2 点是其中之一）是5 个特殊的位置点，因为它们的运行轨道可以被精确计算。

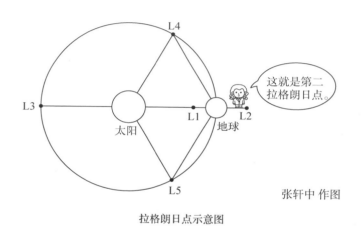

拉格朗日点示意图

在拉格朗日 L2 点，卫星的轨道周期与地球绕太阳的公转周期同步，而且卫星可以保持一个相对稳定的位置，始终处于太阳和地球的连线方向，这有利于地面工作人员对卫星进行遥控校准。在拉格朗日 L2 点上，由于太阳的光线被地球遮挡，卫星可以最大限度地减少太阳红外线的干扰。而韦伯太空望远镜主要就是用来探测宇宙中其他星体发出的红外线的，从而提高观测的灵敏度和准确性。

实现创新发现

　　韦伯太空望远镜项目自 1996 年启动以来，一直是国际合作的典范，主要由美国、欧洲和加拿大等共同推进这一科学工程。原计划于 2007 年发射的韦伯太空望远镜，由于技术、资金等多种因素的挑战，发射时间经历了多次推迟。这一过程中，项目团队不断优化设计，确保了望远镜的可靠性。

　　韦伯太空望远镜项目的最初预算仅为 5 亿美元，但最终的投入高达约 100 亿美元。因为其光学镜头巨大，对光学的分辨率要求极高，所以项目花费很大，但它所带来的科学价值和长远影响是无法用金钱衡量的。自发射以来，韦伯太空望远镜已经取得了多项重要发现，包括拍摄迄今为止最清晰的宇宙深空全彩红外图像、首次在系外行星大气中发现二氧化碳存在的明确证据，以及捕捉到垂死恒星的壮丽终结等。这些发现极大地推动了我们对宇宙的认识和理解。

宇宙只有一个吗
多宇宙理论探讨

　　2021 年，西班牙的一位网友哈维尔在社交媒体上引起了广泛关注。他发布了一系列视频并宣称：当他在一家医院中醒来时，他发现自己已处于未来的某个时刻。令他震惊的是，周围的世界似乎空无一人，而所有的电子设备都显示着他穿越到了 2027 年。根据他发布的视频，我们可以看到超市里商品琳琅满目，警察局的灯光依然闪烁着，但不见其他任何人。

　　这些视频迅速在网络上传播，吸引了众多国外媒体的报道。令人惊讶的是，尽管许多网友对这些视频内容进行了仔细分析，但鲜有人发现其中明显的破绽。哈维尔认为他已经进入了与我们身处的宇宙截然不同的另一宇宙——这就是科学家所称的平行宇宙。

艾弗雷特三世与多宇宙

平行宇宙也被称为"平行时空"或"多宇宙"，即多个与我们宇宙并存的其他宇宙。这一理论最早由美国量子物理学家休·艾弗雷特三世提出。艾弗雷特三世的学术背景颇为丰富，他原本在美国普林斯顿大学数学系学习军事博弈学，但不久对理论物理产生了浓厚的兴趣。因此，他一边跟随 1963 年诺贝尔物理学奖得主尤金·魏格纳学习数学物理方法，一边完成了军事博弈学论文。在获得硕士学位后，艾弗雷特三世选择继续深造，师从被誉为"美国理论物理之父"的约翰·惠勒教授攻读博士学位，专注于研究量子力学的基本原理。

休·艾弗雷特三世

1957 年，艾弗雷特三世将他的研究汇编成博士论文《没有概率的波动力学》，并在其中提出了多宇宙理论。艾弗雷特三世试图通过这一理论，对"薛定谔的猫"给出一个全新的解释。

"薛定谔的猫"是奥地利物理学家埃尔温·薛定谔在 1935 年提出的一个思想实验。在这个思想实验中，一只猫被关在一个密闭的容器里，容器内还有少量放射性物质镭，以及装有毒药氰化物的瓶子。镭的衰变是随机的，如果镭发生衰变，就会触发机关而打碎装有氰化物的瓶子，猫就会被毒死；如果镭没有衰变，猫就继续存活。于是，一只猫的命运与镭的状态紧密相连。根据量子力学理论，由于镭处于衰变和没有衰变两种状态的叠加（即量子叠加态），理论上，猫也处于死猫和活猫的量子叠加态。在量子力学意义上，这只既死又活的猫就是所谓的"薛定谔的猫"。

薛定谔通过这个思想实验表达了他对量子力学某些解释的质疑。在他看来，量子叠加态的概念难以应用于宏观世界，因为在我们的日常经验中，猫不可能同时处于既死又活的状态。

然而，艾弗雷特三世提出了一种不同的解释——多宇宙理论。他认为，"薛定谔的猫"之所以很难被理解，是因为我们习惯了"只有一个宇宙"的观念。而如果有多个宇宙，那么猫就可以在 A 宇宙死去，但在 B 宇宙存活。这时，A 宇宙里的人会看到一只死猫，而 B 宇宙的人会看到一只活猫。这样，每个人都只会在自己的宇宙中观察到猫的一种状态，而不是矛盾的叠加状态。在艾弗雷特三世看来，多宇宙理论是唯一能协调量子力学和世界现实的方法。

在质疑中发展

1959 年，艾弗雷特三世满怀希望去拜访量子力学的创始人之一——丹麦物理学家尼尔斯·玻尔。玻尔听了艾弗雷特三世提出的多宇宙理论后，尖锐地提出批评，认为这何止是离经叛道，简直是异端邪说！之后，玻尔的一位追随者认为艾弗雷特三世"愚蠢得难以形容，连量子力学中最简单的东西都无法理解"。因此，多宇宙理论一直在量子力学研究领域处于"半死不活"的状态。

尽管如此，多宇宙模型并未因此而消亡。在相对论的研究中，多宇宙的思想被借鉴并发展为膜宇宙。在膜宇宙模型中，我们身处的整个宇宙如同一张膜，被嵌在一个更高维度的空间里。在这个高维空间里，还有许多其他的膜对应于其他的宇宙。

2002 年，霍金访问中国并在浙江大学做了一场科普讲座——"膜的新奇世界"，其实就是宣传膜宇宙模型。根据膜宇宙模型，两个不同的宇宙之间无法传递电磁信号，只能传递引力信号。因此，哈维尔所在的宇宙无法把视频用互联网传递到我们宇宙里，因为互联网的信息传递是依靠电磁信号工作的。

综上所述，多宇宙理论源于对"薛定谔的猫"的一种可能的解释。尽管目前还没有实验能直接证明多宇宙理论的正确，但这一理论的提出和发展，无疑为物理学家提供了一个全新的视角来探索宇宙的奥秘。

第二章

从经典到前沿：
物理学的自然法则与应用

牛顿与万有引力定律
经典力学的基石

　　牛顿在构建万有引力定律的过程中，一开始是从数学之美的角度来考虑的。这源自古希腊数学家毕达哥拉斯对牛顿的深刻影响。

　　毕达哥拉斯不仅是数学领域的巨匠，还在音乐学上做出了重要贡献。他在研究音乐时有一个单纯的信仰——世界的本质是数。他在琴弦振动和调音等方面做了不少研究，发现了音乐中存在的数学规律，即著名的琴弦定律：在固定的琴弦张力下，弦的振动频率与其长度成反比。

牛顿（1643—1927）

从猜想到建立

毕达哥拉斯的这一发现，激发了牛顿对宇宙秩序的数学之美的探索。牛顿坚信：基于日心说，宇宙中行星与太阳之间的距离，就像毕达哥拉斯琴弦的弦长一样，能演绎出一种美妙的"天体音乐"。因此，他猜想：万有引力的大小与距离有关，月球和苹果都受到地球的引力，但由于距离不同，受到的引力大小也不同。

那么，牛顿是怎么建立万有引力定律的呢？

牛顿在建立万有引力定律前，已经创建了微积分，有了扎实的数学基础。17世纪80年代，牛顿受到英国科学家罗伯特·胡克和埃德蒙·哈雷的启发，提出了一个大胆的假设：万有引力的大小与两个物体之间的距离的平方成反比。接下来，他利用自己创建的微积分和毕达哥拉斯的平面几何学，对这一假设进行了深入的数学推导。通过严谨的数学证明，牛顿从万有引力的平方反比律中推导出开普勒行星运动定律。

1687 年，牛顿把他的研究成果整理成书，出版了著名的《自然哲学的数学原理》。翻阅本书可以发现，牛顿在推导过程中，主要使用的是毕达哥拉斯的平面几何学原理。至此，牛顿只是建立了万有引力定律。

从建立到验证

之后，牛顿为了验证万有引力定律，精心收集和分析了 4 个关键数据：地球的半径，地球到月球的距离，苹果从静止开始在一秒内下落的距离，月球每秒下落的距离（如果月球不朝地球下落，根据惯性定律它将做匀速直线运动飞向无限远）。这 4 个数据缺一不可，如此才可以让牛顿验证万有引力大小与距离的平方成反比的性质。

首先来看第一个数据——地球的半径。在牛顿之前，意大利天文学家伽利略计算得到的地球半径为 5 633 千米，而实际上地球的半径约为 6 371 千米，所以，伽利略的数据存在约 11％ 的误差。如果牛顿参照伽利略的这一数据，就不容易得到万有引力定律。幸运的是，1684 年，法国天文学家让·皮卡德精确测量了地球半径。也就是说，牛顿在得到这一数据后，才可能发现万有引力定律。由此看出，牛顿发现万有引力定律应该是在 1684 年皮卡德精确测量了地球的半径之后。

再来看第二个数据——地球与月球之间的距离。这一关键数据来自英国格林尼治天文台的创始人约翰·弗拉姆斯蒂德。弗拉姆斯蒂德几十年如一日，自掏腰包观测天文现象，积累了大量的宝贵数据，而地球与月球之间的距离就是他的数据财富之一。牛顿在 1703 年成为英国皇家学会主席后，才有资格得到和使用这一数据。

第三个数据——苹果从静止开始在一秒内下落的距离，是在地球上直接测量得到的。得益于伽利略的比萨斜塔实验，当时的科学家对自由落体运动已经有了深入的研究。利用这些知识，牛顿可以准确测量和获得第三个数据。

至于第四个数据，牛顿通过天文观测可以计算出月球每秒下落的距离。

获得这 4 个关键数据后，牛顿进行了严谨的数学分析和计算，从而证明了万有引力定律的正确性。牛顿的万有引力定律，是科学史上的一座里程碑。它不仅揭示了自然界中物体之间相互吸引的普遍规律，也为人类探索宇宙的奥秘提供了强大的理论支持。牛顿的这一伟大成就，将永远载入科学史册。

开普勒与火星的渊源
探索宇宙的数学之美

2020 年，中国成功发射了火星探测器"天问一号"，并成功将其送入了奔火轨道。奔火轨道属于霍曼转移轨道，即最省能量的过渡轨道。"天问一号"的成功发射和入轨与开普勒行星运动定律息息相关。

首先，"天问一号"围绕太阳公转的轨道是一个椭圆，这符合开普勒第一定律，即所有行星绕太阳运动的轨道都是椭圆。可见，开普勒第一定律为"天问一号"的轨道设计提供了理论基础。其次，根据开普勒第三定律，即所有行星椭圆轨道的半长轴的三次方与其公转周期的平方成正比，我们可以提前推算出"天问一号"飞抵火星大约需要 7 个月。也就是说，开普勒第三定律为探测器的飞行时间提供了预测。

值得一提的是，德国天文学家和数学家约翰尼斯·开普勒对行星运动定律的发现过程，与火星的轨道密切相关。让我们回顾一下这段历史，从古希腊的克罗狄斯·托勒密说起。

从地心说到日心说

托勒密是古希腊著名的数学家与天文学家，他运用数学知识（包括毕达哥拉斯定理和欧几里得几何学）对古希腊先贤亚里士多德的宇宙观进行了完善，并提出了著名的"地心说"：地球位于宇宙的中心，而其他天体如太阳、月亮、水星、金星、木星、火星等都围绕地球公转。

托勒密认为：圆是宇宙中最为完美的图形，且所有天体的轨道都是完美的圆形。在他的专著《天文学大成》中，托勒密详尽地阐述了地心说的内容。受基督教的支持，地心说在接下来的1200多年里广为流传，直到被由波兰天文学家尼古拉·哥白尼提出的日心说所取代。

随着科学的进步，意大利天文学家伽利略发明了一种改进型的天文望远镜，并通过它发现了木星周围存在4颗卫星。这一发现证明了不是所有天体都必须围绕地球转动，从而为日心说提供了间接支持。此外，他还观察到了太阳表面的黑子，这一现象进一步挑战了当时盛行的地心说（认为太阳完美无瑕）。因此，在开普勒时代，人们开始相信太阳是太阳系的中心，而地球和其他行星都在围绕太阳转动。

约翰尼斯·开普勒（1571—1630）

数学美学与行星轨道

开普勒喜欢把古希腊数学成果应用在天文学研究中。1595
年，他创造性地利用 5 个正多面体构建了太阳系的几何模型。
开普勒深受古希腊哲学家柏拉图和数学家毕达哥拉斯美学思想
的影响，即宇宙的秩序和和谐可以通过数学的形式来表达。古
希腊数学家已经证明，三维空间中只存在 5 种正多面体。这启
发了开普勒，使他开始探索行星轨道半径分布规律。于是，开
普勒巧妙地将这 5 种正多面体与 6 个球面相互嵌套，以此解释

太阳系中 6 颗已知行星的轨道大小和相互关系。

　　开普勒的这一太阳系模型是基于日心说：设定一个半径为地球轨道半径的球面，然后以外切于该球面的正十二面体为基础，使这个正十二面体内接于一个更大的球面。开普勒认为，这个更大的球面的半径代表了火星轨道的半径。

　　1596 年，开普勒将他的研究成果整理成书——《宇宙的奥秘》。这标志着开普勒第一次探索了行星轨道的数学模型，而且是以数学美学为基础，虽不够严谨，但也不失为一个有趣的开拓。

　　1618 年，开普勒在对火星轨道的深入研究中取得了重大突破。他利用丹麦天文学家第谷·布拉赫积累的关于火星轨道的数据，揭示了行星轨道之间隐藏的"数学的和谐"。开普勒发现，以地球到太阳的距离（即 1 个天文单位）为基准，火星到太阳的距离大约是 1.524 个天文单位，而火星绕太阳一圈的时间则大约是 1.881 年（1 年指的是地球上的 1 年）。开普勒意外发现，以下等式在非常高的精度内成立。

$$1.524^3 = 1.881^2$$

　　这就是开普勒在火星轨道上发现的规律。等式不仅展现了独特的数学之美，而且以地球到太阳的距离和地球的运动周期为计量标准，暗示了地球在宇宙规律中发挥着重要作用。

　　开普勒发现这一规律依然适用于其他行星，他在另一本书

《宇宙的和谐》中详细阐述了这一科学发现，即著名的开普勒第三定律。这一定律不仅为牛顿后来提出的万有引力定律奠定了理论基础，也成为现代天文学和宇宙学研究的基石之一。

利用基本物理常数定义"1千克"
度量衡的科学基础

从 2019 年 5 月 20 日的世界计量日开始，新定义的"1 千克"正式生效。这一变革源自 2018 年在法国巴黎召开的第 26 届国际计量大会，当时包括中国在内的 53 个成员国一致通过了关于"修订国际单位制（SI）"的 1 号决议。根据决议，国际质量单位"千克"的新定义与普朗克常数 h 紧密相关。具体而言，1 千克被定义为"对应普朗克常数为 6.626 070 15×10^{-34} 焦·秒（J·s）时的质量单位"。这一定义看起来好像很深奥，但其实涉及的是基本物理学常数。

"1 千克"的百年进展

回顾历史，130 年前，1 千克的定义是基于国际计量局保管的国际千克原器的质量。这个原器是由铂铱合金制成的圆柱体，它受到三层玻璃钟罩的保护，其中最外一层被抽成半真空状态，以防止空气和杂质侵入。这个国际千克原器被安置在法国巴黎郊外的一个地下室。

国际千克原器

尽管铂铱合金是一种珍贵的材料，但它依然会受到氧化和腐蚀的影响，甚至观者简单的触摸也能使其质量发生微小的变化。总之，国际千克原器的质量并非绝对恒定，而是随时间发生微妙的变化。近年来，国际千克原器已经出现了约 50 微克的偏差。这种以实物为基准的度量衡标准已显示出其局限性。随着科技的发展和时代的进步，1 千克的定义亟须更新和优化。

在这一背景下，科学家提出了一种全新的定义方式，将 1 千克定义为"对应普朗克常数为 $6.626\,070\,15\times10^{-34}$ J·s 时的质量单位"。在物理学中，单位转换是理解不同物理量之间关系的重要工具。为了便于讨论，我们可以基于牛顿动能公式来转换单位，得出：1 焦·秒（J·s）就等同于 1 千克·米^{2}·秒$^{-1}$（kg·m^{2}·s^{-1}）

德国物理学家普朗克在研究黑体辐射时引入了普朗克常数 h，后被爱因斯坦在光量子理论中进一步发扬光大。普朗克常数是任意一个光子的能量与其频率之比，$h=6.626\,070\,15\times10^{-34}$ kg·m^{2}·s^{-1}，它是物理学中非常重要的基本常数。我们可以对普朗克常数"解剖"，仔细说说。

首先，这里的 $6.626\,070\,15$ 只是一个近似值，代表一个可以不断提高精度的数值，与圆周率类似，它可能有无限多位小数。其次，kg·m^{2}·s^{-1} 是普朗克常数的单位（量纲），其中 m^{2} 表示平方米，而 s^{-1} 表示秒的倒数，也就是频率的单位赫兹（Hz）。有了这两个基础知识，我们就可以把 1 千克写成如下等式：

$$1\,kg = h\cdot s\cdot m^{-2}\cdot 10^{34}/6.626\,070\,15$$

可见，如果我们要确定 1 千克等于多少，就需要准确测出普朗克常数、1 秒和 1 米各是多少。其中，1 秒和 1 米都有国际标准测量方法，1 秒的测量是基于铯原子的超精细结构光谱，而 1 米的测量是基于光在真空中的速度。因此，1 千克的定义与测量普朗克常数的精度是密切相关的。

测定普朗克常数

那么，如何测定普朗克常数呢？1975 年，英国物理学家布莱恩·基布尔发明了可精确测定普朗克常数的一种秤——基布尔秤。基布尔秤是安培天平的"升级版"。它的核心原理是基于重力与电磁力之间的等价关系，而电磁力等于电流大小、磁场强度、电路长度三者的乘积。

基布尔秤的独特之处在于，它允许我们通过测量磁场强度与电路长度的乘积，而非单独测量这两个参数，来确定电磁力。这种设计简化了测量过程，提高了精度。此外，基布尔秤能将电压与电流的关系联系起来，形成一个动态的电功率系统。而电功率的测量可以通过引入量子超导现象中的约瑟夫森效应来实现，从而将普朗克常数引入测量体系，使得电功率的测量与普朗克常数的测量等价。

通过电路功率的测定来测量普朗克常数的方法，也被称为"功率天平法"，已运用到了"1 千克"的新定义中，成为国际度量衡标准。这种以高精度来定义和测量质量单位的方式，为科学研究和工业应用打下了坚实的基础。

爱因斯坦手稿背后的故事
广义相对论是集体智慧结晶

2021 年 11 月，一份关于爱因斯坦广义相对论的珍贵手稿，在法国巴黎的拍卖会上引起了全球关注。这份手稿不仅因其科学价值而备受瞩目，更因其历史意义而受到收藏家和科学爱好者的追捧。最终，这份手稿以 1160 万欧元的高价成交，折合人民币约 8000 万元。这份手稿共有 54 页，由爱因斯坦与他朋友米歇尔·贝索共同撰写，因此被誉为"爱因斯坦-贝索论文"。这份手稿不仅记录了广义相对论的早期思想，还展示了两位科学家之间深入的学术交流和思想碰撞。

爱因斯坦（1879—1955）

和贝索的友谊

贝索先生是一位来自意大利的电机工程师，与爱因斯坦相识于 1897 年的一次家庭音乐晚会。后来，他和爱因斯坦成了好朋友，一起探讨了很多物理问题。一天，贝索拿着一本《力学》（马赫著）与爱因斯坦讨论，他问道："如果时间与空间都与物质没有关系，那我们怎么能知道时间与空间是存在的呢？"这一质疑，使得爱因斯坦后续在构建相对论的过程中，把时间、空间与物质联系在一起。

1901 年，爱因斯坦在给女友米列娃的信件中提及了贝索，信中称贝索的叔叔是一位有影响力的意大利物理学家。这一描述可能带有强烈的个人情感色彩，因为贝索的叔叔实际上没那么有名气，这至少反映了爱因斯坦对贝索才能的认可。随着爱因斯坦与贝索之间的深入交流，对爱因斯坦的科学探索产生了不可磨灭的影响。1905 年，爱因斯坦发表了第一篇关于狭义相对论的论文《论运动物体的电动力学》。在这篇具有里程碑意义的论文的致谢部分，他唯一感谢的就是贝索。

爱因斯坦和贝索（右）

这次拍卖的手稿内容涉及广义相对论，展示了数学和物理学的深刻内涵，其难度远超狭义相对论。具体来说，这份手稿写于 1913 年，当时贝索和爱因斯坦试图攻克困扰科学界数十年的难题——水星近日点进动问题。

水星是距离太阳最近的行星，其轨道特性在牛顿引力理论的框架下得到了一定程度的解释。根据开普勒行星运动第一定律，行星沿椭圆轨道绕太阳运行，太阳在椭圆的焦点上。在这样的视角下，水星的近日点（即水星轨道上距离太阳最近的那个点）在牛顿引力学中有着明确的定义。

根据牛顿的万有引力定律，我们可以计算出水星近日点的位置。而所谓进动，是指水星每绕太阳一圈，它的近日点的位置都会发生微小的漂移。这一现象在牛顿力学中却难以得到圆满的解释。

早在 1859 年，法国天文学家勒威耶就观测到了水星近日点的进动现象，但观测值比由牛顿万有引力定律得到的理论值要大很多。所以当时有天文学家猜测，在水星与太阳之间可能存在一颗未知的行星，其引力作用影响了水星的轨道。但经过多年的天文观测，这颗假想中的行星仍不见踪影。

水星近日点的进动现象在 100 多年前就已经被科学家观测到了。在爱因斯坦与贝索的时代，即使排除了杂七杂八的修正因素，水星进动中仍存在"每百年 43 弧秒"的部分无法用传统理论来解释。这里需要说明：1 度等于 60 弧分，1 度等于 3 600 弧秒。这种采取 60 进制的方法，我们的钟表也适用。

爱因斯坦与贝索的这份手稿内容涉及水星近日点进动的计算。可惜，当时他们还没有正式建立广义相对论，其中的计算存在一些错误。因此，手稿的内容没有以论文的形式发表。当时，爱因斯坦发现计算有误，他本打算把这份手稿扔掉。但贝索考虑到自己也参与了这项研究，于是就将这份手稿保存了下来，并带回了意大利。100多年后，这份珍贵的手稿在拍卖市场上引起了轰动。

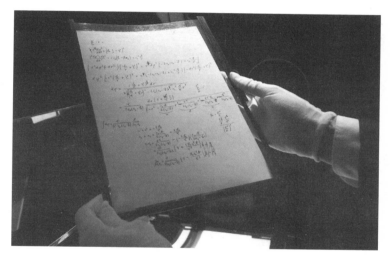

2021年巴黎拍卖会上，爱因斯坦和贝索的部分手稿

众多朋友的帮助

如今，通过广义相对论的测地线方程，我们可以推导出水星近日点进动的精确值，这与天文观测结果是相符的。这是广义相对论的"三大实验验证"之一。

贝索参与广义相对论建立这件事，还给了我们更多的启示。我们知道，爱因斯坦后来主要和他另一位朋友——也是他的大学同学马塞尔·格罗斯曼，一起合作写出了广义相对论。为什么会这样？1912 年，爱因斯坦从捷克布拉格来到了瑞士苏黎世，当时格罗斯曼是苏黎世瑞士联邦工学院数学系的教授，也就是说，爱因斯坦与格罗斯曼在同一所大学任教。相比贝索，格罗斯曼的数学基础要扎实很多，格罗斯曼懂微分几何，所以当他与爱因斯坦一起研究广义相对论时，爱因斯坦在数学上的进步很快。

如今，很多人认为广义相对论的建立是爱因斯坦一个人的成就，其实这种看法是有失偏颇的。爱因斯坦在建立广义相对论的过程中，受到了很多人的影响。比如，保罗·埃伦费斯特也是爱因斯坦的朋友，在 1909 年提出了现在我们说的"爱因斯坦转盘"，这把狭义相对论与非惯性系及弯曲空间的几何学联系了起来，这一思想后来被爱因斯坦借鉴。再如，意大利数学家列维·西维塔也与爱因斯坦有过讨论，使得爱因斯坦在起初错误的引力场方程中加入了标量曲率项，最终使方程得以修正而变正确。又如，德国数学家戴维·希尔伯特帮爱因斯坦通过对作用量的变分，得到广义相对论方程。

这些学者在广义相对论建立过程中的贡献是不容忽视的，当然其中也包括贝索的贡献。因此，广义相对论不是一个人的作品，而是爱因斯坦和他的朋友们共同努力的思想结晶。

日全食充当"实验室"
百年前的广义相对论实验

2020 年 6 月 21 日，全球许多地区都可以看到罕见的天文奇观"金环日食"，为人们带来了视觉上的震撼。其实，回顾物理学发展史，日食还曾充当了一个天然的"实验室"。1919 年 5 月 29 日，英国科学家亚瑟·爱丁顿领导的日全食实验，为爱因斯坦的广义相对论提供了实验支持。这不仅使广义相对论得到了广泛的认可，还使爱因斯坦一夜之间声名鹊起。

然而，有关这次实验的动机和准确性，当时存在一些争议。一些舆论认为爱丁顿进行实验的目的是缓和第一次世界大战后英国与德国之间的紧张关系，并且质疑实验的精度是否足以证明广义相对论的正确性。那么，这种看法是否合理？我们不妨回顾一下当时的实验是如何进行的。

日全食示意图

素未谋面却全力支持

1915 年，爱因斯坦提出了广义相对论，并写出了引力场方程。由于方程涉及高深的数学——黎曼几何，爱因斯坦在数学家格罗斯曼和希尔伯特的协助下，基本上解决了广义相对论中的数学问题。而有待解决的问题，就是通过物理实验来验证这一理论的正确性。之后，爱因斯坦开始宣传自己的广义相对论。那时，爱因斯坦在德国科学界已经有一定的知名度，但在英国、美国的影响力并不显著。

当时正值第一次世界大战（1914—1918 年），整个欧洲元气大伤。1916 年，爱因斯坦把他的德文版《广义相对论基础》托付给了一位值得信赖的朋友——荷兰莱顿大学的威廉·德西特教授。荷兰作为当时的中立国，为科学交流提供了一个相对安全的通道。德西特教授不仅是爱因斯坦的好友，还是英国皇家天文学会的秘书，这使得他能够将爱因斯坦的论文转交给英国剑桥大学物理学教授、时任英国皇家天文台台长的爱丁顿教授。

尽管爱丁顿教授与爱因斯坦素未谋面，但他深知，如果这篇论文的理论得到证实，其意义将非同凡响。然而，由于当时英国普遍存在反德情绪，几乎无法发表一篇德文版的论文。为了克服这一障碍，爱丁顿教授请德西特教授撰写了一系列英文文章来详细介绍爱因斯坦的理论，并将其发表在英国皇家天文学会的官方刊物上。

在一次颇具传奇色彩的采访中，记者问爱丁顿教授："据说，全世界只有三个人真正理解爱因斯坦的广义相对论，您认为他们是谁？"爱丁顿教授自信地反问道："除了我，还有谁？"这一机智的回答显现了他对广义相对论有着深刻的理解。

爱丁顿的日全食实验

实际上，不仅爱丁顿教授对爱因斯坦的论文有着透彻的理解，德国天文学家卡尔·史瓦西也展现了他对广义相对论的深

亚瑟·爱丁顿（1882—1944）

刻洞察力。1916年，史瓦西成功计算出了爱因斯坦引力场方程的静态球对称解。这为描述太阳附近的引力场提供了精确的数学工具，进一步验证了广义相对论的科学价值。

根据广义相对论，沿直线传播的光在弯曲时空中会发生偏折——类似于光在水面附近的折射。因此，当远方的星光经过太阳附近时，会受太阳引力场的影响而发生偏转。这一现象可通过实验来验证。

根据爱因斯坦的广义相对论，星光在接近太阳时的偏转角可用以下公式计算：

$$\Delta\theta = 4Gm/c2r$$

其中，G 是牛顿引力常数，m 是太阳的质量，c 是光速，r 是星体的半径。由此计算得出的偏转角是一个很小的数字，这说明太阳对靠近它的星光所造成的偏折是非常有限的。

偏转角是一个无量纲量，以弧度为单位。我们知道一个圆周的弧度是 2π，那么太阳对星光造成的偏转角度大约是圆周弧度的百万分之一。那么，如此小的角度，当时可以测量出来吗？

1919 年发生日全食时，爱丁顿抓住了这一机会，对外宣称他们精确测量了星光经过太阳附近时产生的偏折角，从而证明了广义相对论是正确的，这就把爱因斯坦送上了科学"神坛"。当时的媒体报道称"英国科学家帮助德国科学家验证广义相对论是正确的"，并强调了战后两国关系的修复。

然而，爱丁顿的实验是否真的达到了他所宣称的精确度？这是一个值得深入探讨的问题。实验的准确性在很大程度上取决于望远镜的角分辨率（角分辨率越高，望远镜能观察到的细节越清晰）。在那次实验中，爱丁顿使用的是口径为 33 厘米的照相机。从光学角度来看，这台照相机的角分辨率与爱因斯坦计算出的偏折角都属于同一个数量级。因此，如果考虑到当时的实验误差，那么爱丁顿的实验确实有值得推敲的地方。

尽管如此，爱丁顿的实验仍然是广义相对论验证过程中的一个重要里程碑。它不仅展示了科学探索的勇气和创新精神，也体现了国际科学合作的重要性。

微观尺度上验证广义相对论
引力红移的高精度检验

2022 年 2 月 16 日，《自然》刊登了一篇封面文章——《用毫米尺度的原子物理实验检测引力红移》。这意味着科学家首次在毫米尺度上验证了广义相对论。他们通过实验证明：即使高度差只有 1 毫米，时间流逝的速度也不一样。

为什么高度不同，时间流逝的速度会不同呢？这是因为在不同的高度，地球引力场的强度会有微小的变化，而根据爱因斯坦的广义相对论理论：引力场较强的地方，时间流逝得较慢；引力场较弱的地方，时间流逝得较快。这其实就等价于广义相对论中的"引力红移"，即因引力不同而造成的时间差。

之前，科学家通过卫星，在地球上空做过类似的检测实验。

1976 年，科学家用火箭将原子钟送到了 10 000 千米的高空，发现它比位于海平面的时钟要"跑"得快，大约每 73 年快 1 秒。当时的检测结果说明，爱因斯坦的广义相对论中关于"引力红移"的结论是正确的。

那么，如果不使用火箭与卫星，我们能在一间书房大小的实验室里做出这类实验吗？2022 年，发表在《自然》上的这篇论文给出了肯定的答复。这是迄今为止科学家在最小尺度上做的关于广义相对论验证的实验。

该研究论文的通讯作者是来自美国科罗拉多大学的华人科学家叶军。叶军出生于浙江绍兴，本科毕业于上海交通大学应用物理系，博士毕业于科罗拉多大学，师从美国物理学家、诺贝尔物理学奖得主约翰·霍尔。霍尔因在精密光谱、光速测量方面的开创性研究成果，以及"光学频率梳"的技术发明，于 2005 年获得诺贝尔物理学奖。

目前，叶军是美国科罗拉多大学物理系教授，也是美国国家标准与技术研究院和科罗拉多大学联合建立的实验天体物理实验室的研究员。2007 年，叶军及研究团队做出了世界上第一台"每 7 000 万年仅误差 1 秒"的原子钟。叶军于 2011 年当选为美国国家科学院院士，2017 年当选为中国科学院外籍院士，2021 年获得科学突破奖基础物理学奖。

2022 年，叶军及研究团队开发出世界上最精确的原子钟，提高了测量时间的精确度。他们通过实验发现，在 1 毫米高度差上，时间相差大约一千亿亿分之一，也就是大约 3000 亿年只相差 1 秒，这与广义相对论预言一致。

"引力红移"虽然已多次被验证，但是如此高精度的检测还是第一次。叶军表示，此次突破可以把时钟的精确度提高 50 倍。这对提高全球定位系统（GPS）的精确度很有帮助，由于引力红移，人们需要考虑不同高度差产生的时间差，就需要对 GPS 的原子钟做时间修正。

这项实验对于物理学具有重大意义，因为它把微观世界的量子力学和宏观世界的引力（广义相对论）联系在了一起。

空调制冷背后的物理学
逆卡诺循环原理

炎炎夏日，人们常常依赖空调来降温，而传统空调普遍采用制冷剂（如氢氟烃类等）来给房间降温。从物理学的角度看，空调的制冷过程实际上是一个逆卡诺循环的过程。

尼古拉·卡诺是一位不太为大众所熟知的法国物理学家，但其贡献对现代制冷技术有着深远的影响。1812 年，年仅 16 岁的卡诺以优异的成绩考入了巴黎理工学院，师从数学家西莫恩·德尼·泊松和物理学家盖-吕萨克等多位著名学者。在那个激情燃烧的大革命岁月，热力学领域正经历着蓬勃的发展。泊松研究了理想气体的绝热变化规律，盖-吕萨克则探索了理想气体的状态方程。在这样的学术氛围中，卡诺深受启发和影响。

尼古拉·卡诺（1796—1832）

毕业后，卡诺对工业产生了浓厚的兴趣。他走访了众多工厂，注意到热机的效率都很低，尤其是以气体为工作介质的热机——主要指蒸汽机。当时，工业界被两大难题困扰着：热机的效率是否能达到 100%，以及哪种工作介质能带来最高的热机效率。由于缺乏热力学理论，工程师尝试用空气、二氧化碳、酒精等替代水蒸气，以求找到一种最佳工作介质，但这些尝试往往只在特定情况下有效，缺乏普遍适用性。

在这样的背景下，卡诺选择了一条不同的研究路径展开创新。通过对蒸汽机的深入观察，卡诺总结出了一个关键的经验规律：为了保持蒸汽机的持续运转，水不仅需要从锅炉中吸收热量，还必须在冷凝器中将一部分热量传递给冷却水。这表明并非所有热量都能转化为功，热机的效率不可能达到 100％。这是一个很重要的结论，否定了当时认为的"从单一热源（温度均匀且保持恒定的热源）吸热做功"的可能性。

这一结论对于当时流行的热质说（一种错误的热力学理论）提出了挑战。热质说认为：热是一种被称为"热质"的特殊物质，热质由高温流向低温推动了工作介质做功。尽管卡诺最初也是基于热质说来思考问题，但他提出了"卡诺热机原理"这一新理论。卡诺热机原理认为：热机做功的效率仅与两个热源之间的温度差有关，而与工作介质的种类无关。

1832 年，年仅 36 岁的卡诺不幸患上了猩红热，随后又感染了霍乱，两个月后就撒手人寰。根据当时的防疫规定，霍乱患者的遗物应全部焚毁，但卡诺生前已经出版了一本书，详细记录了他对卡诺热机原理的描述。

卡诺去世后，他的理论得到了师弟克拉珀龙（也在巴黎理工学院）的认可。不过，克拉珀龙抛弃了热质说，用更精确的物理语言重新表述了卡诺的主要思想，并发表了相关论文。随后，学术界对卡诺热机理论进行了深入研究，热力学第一定理和热力学第二定理得以相继被提出。卡诺热机原理成为热力学研究中一个基本物理模型，空调的发明也与这一理论息息相关。

空调由室内机和室外机组成。室外机中的压缩机将制冷剂压缩成高温、高压的气体，气体在空调室外机的冷凝器中冷却并转变为液态。随后，它流回室内机，在蒸发过程中吸收室内热量，实现降温的效果。这个过程被称为"逆卡诺循环"，构成了制冷理论的基础。所谓逆卡诺循环就是与卡诺循环相反的循环。

夏天，当我们享受空调带来的凉爽和惬意时，不妨回想一下那位名叫卡诺的物理学家，他的理论至今仍在我们日常生活中发挥着重要作用。

永磁同步牵引电机
电机技术的进步与应用

2019 年 9 月，中国中车株洲电机有限公司发布了一项重要的科技成果——TQ‑800 型永磁同步牵引电机，这标志着中国首次成功研发了适用于 400 千米/时速度等级的永磁同步牵引电机技术平台。这一成就不仅是对中华人民共和国成立 70 周年的献礼，也是我国科技进步的重要里程碑。

目前，我们乘坐的高铁列车通常以约 300 千米/时的速度运行，而使用永磁同步牵引电机后，列车的运行速度有望提升至 400 千米/时。那么，究竟什么是永磁同步牵引电机呢？

无论何种类型的电动机，它们的基本工作原理都是基于同一个物理现象：运动的电荷在磁场中受到洛伦兹力的作用。电动机的运转依赖于电流的供应，这些电流来自外部电源。一旦电流形成，电流将在磁场的作用下产生力，这种力在工程技术中通常被称为"安培力"，它是洛伦兹力在宏观层面的体现。

在我们的日常生活中，高铁列车的轨道上空架设的电线就是为了向列车的电动机供电。电流的流动使得电动机得以启动和运转。然而，仅有电流并不足以驱动电动机，因为根据安培力的原理，磁场同样不可或缺。

磁场的两种来源

磁场的产生可以主要有两种方式：一种是通过电流本身产生磁场，二是利用永磁体产生磁场。这两种方式都能有效地驱动高铁列车的前进。其中，使用永磁体的电动机叫作永磁电动机。对高铁列车来说，电动机必须能产生非常大的推力，这就需要很强的磁场。因此，高铁列车用的永磁电动机一般采用磁场很强的稀土永磁材料，比如钕铁硼永磁体，其表面的磁场强度可以达到地球磁场的 20 000 倍。

电动机的构造中，定子和转子是两个关键部分。定子是固定不动的，它与电动机的外壳紧密相连；而转子则是电动机中的旋转部件，它的旋转为机械设备提供所需的动力。我们先来看定子，永磁电动机的定子由铁磁性材料构成，通常被称为"定子铁芯"。定子铁芯上紧密缠绕着带有绝缘皮的铜线圈，这些铜线圈承载较大的电流。当交流电通过这些铜线圈时，定子铁芯就相当于一个电磁铁，能产生一个交变的磁场——磁场的方向随着电流的交替变化而不断变化。再来看转子，永磁电动机的转子则由一块永磁体构成。

当电动机通电后，定子铜线圈会接入三相交流电，使定子铁芯产生一个旋转磁场，其旋转速度与电流频率成正比。这个旋转的磁场与转子中的永磁体相互作用，使转子以与定子磁场相同的角速度旋转。由于转子随定子产生的旋转磁场同步旋转，这类电动机被称为"同步电动机"。高铁列车使用的永磁同步电动机一般每秒转70转。永磁同步电动机的转子不需要供电，从而减少了能量损耗，提高了整体的运行效率。

高温消磁的挑战

高性能永磁体技术从20世纪80年代逐步发展，近十年来开始应用于电动机领域，永磁体技术已成为推动高铁列车技术进步的关键因素之一。然而，永磁体在高温环境下的稳定性问题，对电动机的运行提出了新挑战。

永磁体在高温下会消磁，所以整个电动机的运行温度必须控制在200℃以下，这对于产生大量热量的高铁列车电动机来说，无疑是一项技术难题。如果冷却失败，电动机温度超过永磁体的居里温度，永磁体将失去磁性，这将直接导致车厢失去动力，造成严重的安全风险。因此，开发出能精确控制关键部位温度的定向冷却技术，对于保障高铁列车的运行安全具有至关重要的意义。中车株洲公司在研发过程中投入了大量的精力和资源，解决了这些核心技术难点，推动了永磁体技术在高铁列车领域的应用，也为整个行业的技术进步做出了重要贡献。

人造钻石的诞生
科技与自然的融合

　　2019 年 10 月，中国科学院宁波材料技术与工程研究所举办的科技创新与创业汇报会上，一项重要的科研成果——人造钻石技术，成为媒体关注的焦点。

　　从物理学角度来说，钻石是一种碳单质晶体。日常生活中，煤炭和石墨（一种常见的碳单质）等碳质材料通常呈黑色，而钻石以其透明性脱颖而出。这是因为钻石作为一种晶体，具有特殊的电子能带结构，使得电子不会吸收可见光的能量，允许可见光穿透整个钻石。

　　钻石凭借其晶莹剔透的特点和在自然界中的稀有性，赢得了人们的青睐，并逐渐成为一种珍贵的定情信物。实际上，钻石与石墨的基本构成物质都是碳原子。只不过在石墨中，碳原子排列成平面结构；而在钻石中，碳原子排列成立体结构。

钻石是世界上最古老的宝石。南非出土的一些钻石大约在距今 45 亿年前形成，而地球的年龄约 46 亿年，说明这些钻石在地球诞生后不久就开始在地球深处结晶。研究表明，天然钻石的形成是一个漫长且复杂的过程。它们一般是在火山爆发时高温、高压的地下环境中形成，历经地质变迁，最终随岩浆来到地表。另外，地外星体对地球的撞击，瞬间形成高温、高压环境，也有利于钻石的形成。

在大自然环境下，天然钻石在形成过程中可能会混杂其他元素，导致其不完全透明，甚至呈现出多种颜色。有的钻石带有粉红色调，有的钻石含有天蓝色调，都是因为钻石里包含了碳元素以外的其他元素。

与天然钻石相比，人造钻石可以不需要高温、高压的环境，也不需要火山喷发或陨石撞地球那样的极端条件，而是在实验室的"温和"条件下生长出来的。这种生长钻石的方法是实验室里生长晶体的常用方法之一——化学气相沉淀法（CVD方法）。

生长人造钻石的主要过程包括：我们先将一小块天然钻石（作为种子晶）放进反应炉中，然后在炉内充入甲烷并通电。电流使得甲烷分子发生电离，形成一种高能的等离子体，由于等离子体中包含了大量"活泼"的碳原子，这些碳原子不断地沉积到种子晶上，每一层都精确地复制了钻石的晶体结构，经过层层累积，最后就形成了由碳原子组成的人造钻石。

在实验室可控的环境下，甲烷气体中分离出的碳原子以大约0.007毫米/时的速度沉积在种子晶上，从而形成人造钻石。从时间看，平均一星期就可以生长出一颗1克拉的钻石，而其单位价格比天然钻石便宜得多。

实际上，人造钻石与天然钻石在化学成分和物理特性上的差异很小，连科学仪器都难以分辨。通常，科学家可利用X射线荧光光谱仪等设备对钻石进行检测。但是，目前并不存在一个固定判据来区分人造钻石与天然钻石，所以这种检测只能给出一些参考性意见。

钻石不仅能加工成各类饰品，还可用于制造雷达、激光器等精密仪器，甚至在物理研究领域也发挥着重要作用。比如，物理学家在研究高温超导材料时，就是利用两块钻石相互挤压来产生巨大压强的。因此，价格实惠的人造钻石对推动科学研究和技术创新是非常有意义的。

知识卡片

▶ 作为碳的一种晶体形态，钻石具有一种特殊的电子能带结构。这种结构赋予了钻石独特的光学特性。在钻石晶体中，碳原子以一种特定的四面体排列，形成坚固的共价键。这种排列导致电子的能量状态被严格地限定在不同的能带中，形成了较大的能带间隙。

▶ 由于这个能带间隙的存在，钻石中的电子不会吸收可见光的能量。这意味着当光线穿过钻石时，不会被吸收，而是能穿透整个晶体。这不仅让钻石在可见光下保持透明，还允许光线在钻石内部发生反射和折射，从而产生璀璨的光泽。钻石的这种光学特性，包括其高折射率和色散性，共同作用，使得钻石在自然界中罕见且珍贵。

穿越时空的科学挑战
探索时间的本质

    2020 年上映的英国科幻电影《信条》讲述了一个关于时间逆流和拯救世界的故事。影片中，人们通过一种"时间逆转"的技术使某些物或人在时间中逆向流动，而周围的世界仍按照正常的时间顺序运行。电影《信条》引发了人们对时间本质的思考和讨论。

相对论框架下的时间

    20 世纪前，一些物理学家认为时间具有一个特定的前进方向，这个方向与熵增的方向在局部是一致的。这种观点是在德国物理学家鲁道夫·克劳修斯等确立热力学第二定理之后逐渐兴起的。尽管这些讨论指出了时间方向与熵增方向的一致性，但没有清晰地说明"时间到底是什么"。

当时，爱因斯坦的相对论还没有诞生，所以人们对时间的理解相对简单，认为时间是一种统一的时间。在那个时代，人们普遍认为：无论纽约还是巴黎，它们的时间是可以统一的；无论在火车上还是在飞机上，时间的流逝速度也是一样的。而且，不同地点、不同事物的时间方向是相同的。

随着爱因斯坦相对论的提出，人们对时间的认识发生了质的变化。根据相对论，时间不再是绝对统一的，而是受到多种因素的影响。首先，不同的地点由于引力强度不一样，其时间的流逝速度会有所不同。其次，不同的事物运动速度不一样，其时间流逝的速率和方向也不同。

从这个意义上来说，20 世纪前，在没有相对论修正的情况下，科学家用熵增的方向来定义时间的单向性，这种对时间的描述仍然是相对模糊的。

哥德尔宇宙与时空旅行

电影《信条》中，女科学家劳拉解释了"逆向子弹"的工作原理。这种逆向子弹的时间是逆流的。请注意，逆向子弹周围环境的时间箭头都是指向未来的，只有子弹本身的时间箭头是指向过去的。

指向未来与指向过去，这是相对论中的概念，我们需要用光锥来描述。平坦时空的每一个时空点，都有上下两个光锥：位于上方的光锥内的世界线的切矢量都是指向未来的，位于下方的光锥内的世界线的切矢量则是指向过去的。所谓世界线的切矢量，就是时间箭头。

相对论还指出：引力存在时，时空不再平坦，从而导致光锥的结构扭曲变形，过去与未来的区别也会变得复杂。比如，在哥德尔宇宙中，光锥会被时空旋转而慢慢倾斜，最后倒转过来，这时的世界线可以是一条闭合的类时曲线。也就是说，在哥德尔宇宙中，人们可以回到过去。

哥德尔是著名的数理逻辑专家，也是爱因斯坦在美国普林斯顿高等研究院的同事。他曾成功计算出爱因斯坦广义相对论引力方程的一个解（相当于一个矩阵），即哥德尔宇宙。

1982 年，北京师范大学物理系的梁灿彬教授在美国芝加哥大学进行学术访问期间，与广义相对论领域的知名学者盖罗奇等合作发表了一篇论文，讨论了在哥德尔宇宙中穿越时空的可能性，特别是通过广义相对论火箭实现回到过去的旅行。

其实，为了穿越时空回到过去，从科学与工程的角度来说，我们需要把齐奥尔科夫斯基、冯·卡门、钱学森等科学家所提出的火箭知识推广到广义相对论的框架中。这意味着我们必须考虑弯曲的时空、极高的速度、有限的燃料等。由于火箭在运行过程中会消耗燃料，在穿越时空的过程中，火箭的质量会不断减少，这就构成了一个复杂的变质量动力学问题。

在哥德尔宇宙中，广义相对论火箭为了将人类带回过去，需要消耗的燃料质量比人的质量大几十个数量级。尽管这是一个巨大的物质和能量投入，但至少在理论上是符合现代科学的。

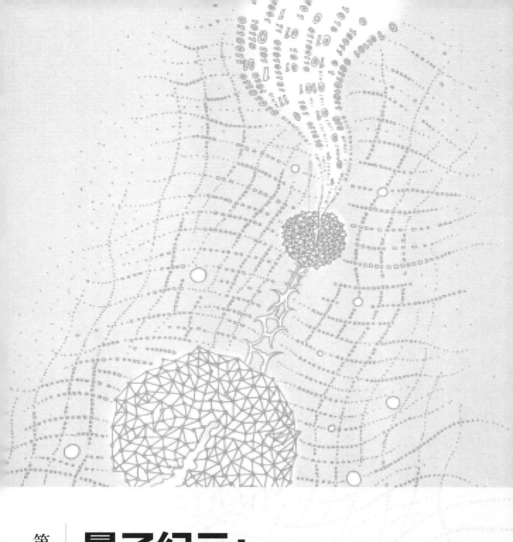

第三章

量子纪元：
从微观粒子到宏观现象的探索

普朗克
点燃量子理论的火花

　　量子力学的诞生，经历了一个漫长的过程。如同我们建房子要先准备好钢筋、水泥、砖头等一样，量子力学"大厦"的建立也需要准备许多东西。首先就要明确一个概念——量子。到底什么是量子呢？

　　事情还得从 19 世纪晚期的奥地利首都维也纳说起。这个城市举办新年音乐会的金色大厅被大多数中国人所熟悉。单就音乐而言，奥地利是天才钢琴家莫扎特的故乡。当然，维也纳还出了一位伟大的物理学家路德维希·玻尔兹曼。玻尔兹曼是研究统计物理学的。统计物理学就像物理学中的宏观经济学，简单来说，宏观经济学研究的是一个经济体内大量人口的经济行为，而统计物理学研究的是大量原子的集体行为。

路德维希·玻尔兹曼（1844—1906）

玻尔兹曼在 1870 年左右研究这一学问时，有一个单纯的信仰：相信原子的存在。虽然他从来没有观测过原子——即使现在，要想直接看到原子也是非常困难的，需要使用扫描隧道显微镜或者通过制冷型的荧光数码摄像机才可以，但是玻尔兹曼坚定地相信原子的存在。那么，什么是原子呢？

原子与熵

在玻尔兹曼那个时代，他心中的原子论与古希腊的原子论差别不大。古希腊时代的哲学家认为：原子是万物组成的最小单元，若用一把无比锋利的小刀去切割一个苹果，小刀不断切下去直到苹果不能再分，剩下的东西就是原子——这是最朴素的原子观念。而在古希腊哲学家的心中，一个苹果和一个面包的本质区别仅在于相同原子的不同排列，他们认为原子在空间排列出的正多面体结构只有 5 种，而且优美的空间排列结构非常稀少。其实，这种关于原子的说法是不准确的。但在玻尔兹曼的研究中，这种描述已足够，因为玻尔兹曼对原子的研究不涉及原子内部结构。

1877 年，玻尔兹曼建立了一个关于大量原子集体运动的统计物理学的完整理论。他进行了一系列的数学物理推导，最后得到了一个重要的物理量——大量原子在一起时的"熵"。熵的概念是由德国物理学家克劳修斯在不久前提出的，但玻尔兹曼是把熵与原子联系起来的第一人。

玻尔兹曼给出了熵的计算方法。这种数学方法并不难，其实就是计算排列组合数。什么是排列组合数呢？比如：甲、乙、丙三人站成一排拍照，一共有 6 种不同的排列方式（甲乙丙、甲丙乙、乙甲丙……）。6 种不同的排列可以产生 6 张看起来不同的照片。但 6 张照片所对应的事情是一样的——都是这三人在一起的合影。也就是说，熵就类似这张照片，而玻尔兹曼研究的就是照片里的人的排列数。由此，玻尔兹曼得出重要结论：熵正比于排列数的对数。但他当时无法确定这个比例系数等于多少。

从熵到量子

历史的车轮滚滚向前，一个波澜壮阔的大时代即将拉开帷幕。1900 年是科学史上的一个分水岭，在这之前的 19 世纪，科学界有三大发现：热力学第一定理（能量守恒定理）、进化论和细胞学说。这些都被恩格斯写进《自然辩证法》中。从物理学角度来看，19 世纪还有一项重要的发现——热力学第二定理。热力学第二定理的核心是熵，玻尔兹曼通过对熵的计算把热力学第二定理与微观的原子世界联系在了一起。

马克斯·普朗克（1858—1947）

1900 年，一位把热力学第二定理研究得炉火纯青的学者，登上了历史舞台，他就是德国物理学家马克斯·普朗克。德国当时正处于急速的工业化浪潮中。工业化的进程离不开钢材的大规模生产，炼钢过程中很自然地产生了一个技术问题，那就是如何测量钢水的温度？因为钢水的温度很高，超出了一般温度计的测量范围。

在这样的背景下，德国物理学家威廉·维恩经过深入研究，得到了一个经验公式，这个公式表明：决定钢水颜色的最主要的光的波长和钢水的温度是成反比的。这一结论被称为"维恩位移定理"。这个定理非常实用，尽管维恩未能完全理解这一经验公式背后的物理机制。总的来说，这就类似我们知道汽车的牵引力与速度之积等于汽车的额定功率（一个常数），但如果想深入研究汽车的牵引力来源，就需要探索汽车发动机的工作原理，这无疑是一个复杂的工程。同样，当时的科学家也面临着挑战——弄清楚维恩位移定理背后的物理机制。

于是，有人带着这一问题去请教普朗克，希望普朗克能给出解释。普朗克是研究熵的专家，他不仅从能量的角度思考维恩位移定理之谜，还从熵的角度加以分析。看问题的角度不同，得到的物理结论也就不同。

普朗克仔细分析后发现，钢水温度的问题其实属于黑体辐射的问题（高温钢水发出的光被称为黑体辐射）。他创造性地认为：要解释钢水的光谱，需要用到熵的概念；而要用熵的概念，则需要使用玻尔兹曼的排列组合方法才能计算熵。那么，对于钢水发的光来说，什么东西是可以做排列组合的呢？

普朗克在这个关键时刻完成了一个巨大的思想飞跃。他认为：钢水放出的光是有能量的，这些能量可被分割为一小块、一小块的能量包，然后他可以计算出这些能量包的排列组合数。

打个比方就是，本来大家觉得钢水发出的能量就像一大块豆腐，是一个连续体。而普朗克则用菜刀把这一大块豆腐切割成方方正正的一小块、一小块，然后把这些小方块豆腐排列起来拍照，那就可以根据玻尔兹曼的方法计算出这些小方块豆腐的排列组合数，并计算出这些小方块豆腐对应的熵。普朗克把每一个小方块豆腐对应的能量称为"能量子"，简称为"量子"。至此，人类科学史上第一次有了量子的概念。

根据熵与能量的关系，普朗克得到了解释黑体辐射的正确方法，完美地解释了维恩位移定理，即黑体辐射曲线方程在顶点处的导数（用微积分求极值的结果）。

在这一研究中，普朗克还计算出了玻尔兹曼一直困惑的比例系数（熵与排列组合数的对数之间的系数），并将其命名为"玻尔兹曼常数"。普朗克还引入了另一个刻画量子的常数，之后将其命名为"普朗克常数"。普朗克常数的出现，标志着我们正式进入了量子时代。

普朗克把黑体辐射公式写出来后，大家发现他的这个公式与实验物理学家从炼钢厂里测到的钢水光谱曲线高度吻合。

　　普朗克关于量子的论文发表在 1900 年 10 月 25 日，这一天也标志着量子理论的萌芽。普朗克的量子理论仅仅是一个开始，真正的量子力学的建立还需要经过 20 多年的艰难探索。

玻尔
发扬量子理论

　　钢水发出的光是电磁波，所以普朗克的量子理论最初只是应用于电磁波。后来，两位科学家把量子理论的视角扩展到了电子领域，这极大地推动了量子理论的传播，使得越来越多的人开始了解和关注量子。

　　普朗克有关黑体辐射的论文发表 5 年后，瑞士伯尔尼专利局的一位年轻小伙子爱因斯坦，发展了一套时空理论——狭义相对论。普朗克很支持这一理论，与爱因斯坦沟通并交流，随后在学术圈积极宣传狭义相对论。普朗克甚至写信给爱因斯坦，称赞他是"当代活着的哥白尼"。这给当时还处于事业起步阶段的爱因斯坦带来极大的鼓舞，毕竟普朗克已是德国科学界的领军人物。

在那个充满科学突破的 1905 年，爱因斯坦不但发表了关于狭义相对论的论文，还写了一篇关于光电效应的论文，其中运用了普朗克的量子理论。光电效应最早是由德国物理学家海因里希·赫兹在 1887 年观察到的。后来，爱因斯坦正是因为探索了光电效应的量子理论而获得了 1921 年诺贝尔物理学奖。

在这篇光电效应论文中，爱因斯坦把普朗克的量子理论具体化了。爱因斯坦认为：光照射在金属上，金属之所以会释放出一些电子，是因为光表现为一种能量子，其能量是一份一份的，也就是说，光是一些小微粒，以粒子的形式与金属中的电子相互作用。爱因斯坦把这些小微粒称为"光量子"，简称为"光子"。

爱因斯坦是把量子理论应用在光子与电子系统的第一人。这让普朗克很吃惊，因为普朗克当时对自己的理论是有点怀疑的。但爱因斯坦利用量子理论很好地解释了当时的光电效应实验。这无疑也增强了普朗克对自己所提出的量子理论的信心。得益于爱因斯坦的支持，量子理论逐渐被物理学界所知晓。

原子太阳系模型

但是，如何把量子理论应用在原子内的电子上呢？在这一关键时间点，丹麦物理学家玻尔出场了。

1911 年 5 月，26 岁的玻尔以长篇论文《金属电子论的研

尼尔斯·玻尔（1885—1962）

究》获得丹麦哥本哈根大学的博士学位。他打算出国做研究，
选择了英国剑桥大学。因为剑桥大学有一位重量级的物理学家，
即电子的发现者约瑟夫·汤姆孙（1906 年诺贝尔物理学奖得
主）。汤姆孙当时担任剑桥大学卡文迪许实验室的主任。他接待
了玻尔，两人促膝长谈。汤姆孙收下了玻尔带给他的博士论文，
并随手放在办公桌上。

　　事实上，玻尔的论文一直被闲置在汤姆孙的桌上。汤姆孙
压根就没有看过一个字，原因何在？据说，当时刚从学校毕业
的玻尔没有社会经验，当面指出了汤姆孙著作《气体中的导电》

里的一些错误。玻尔惹恼了高傲的英国绅士汤姆孙，以至于汤姆孙后来一直冷落玻尔。剑桥大学对于玻尔来说，实在不算是一个令人开心的地方。

这时，英国另一位物理学家欧内斯特·卢瑟福已在曼彻斯特大学通过阿尔法粒子散射实验确证了原子核的存在，并重新构造了一个新的原子结构模型——太阳系模型。卢瑟福成为英国物理学界一颗冉冉升起的新星。在剑桥大学待了几个月后，1912 年 3 月，玻尔赴曼彻斯特大学，跟随卢瑟福从事原子结构研究。

卢瑟福建立的原子太阳系模型认为：原子内部的电子就像行星绕太阳公转一样，绕着原子核做圆周运动。这一物理模型虽然很简洁，但有一些难以克服的理论问题。根据麦克斯韦的电磁学理论，电子是带电的，当电子做圆周运动时会发出电磁波辐射，慢慢失去能量，最后以螺旋线的形式向原子核方向下落。这就像拉着刚从水里捞出来的衣服转圈，衣服中的水会被摔出去一样。所以，如果麦克斯韦的电磁理论可以应用到原子内部，那么卢瑟福的原子太阳系模型其实是不稳定的，不能稳定存在 1 秒钟以上。

量子跃迁

这是一个巨大的问题。玻尔也陷入了沉思，有一天，他终于明白了一个道理：必须将原子内电子的轨道和原子发出的光辐射的能量放一起来考虑。玻尔为什么会有这样的想法？因为在这之前，普朗克与爱因斯坦已经提出一个重要的观点——光子的能量是一份一份的。这就启发了玻尔。

如果把光子类比为原子内的电子，那么通过计算，玻尔就可以知道：卢瑟福所说的电子圆轨道，轨道的半径并不是任意的，只能是一些特定的离散数值。根据玻尔的思路，一个原子的内部只有特定半径的轨道可以让电子"奔跑"。而不同半径的轨道能量是不一样的，轨道之间的能量差正好就是辐射出来的光子的能量。

打个比方，电子在原子内的轨道就像跑道上的跑道线，运动员只能在自己的跑道上跑，不能随意跨到其他跑道。类似于跑道之间没有直接的通道，电子在不同轨道间也是通过"跳跃"来切换，而非连续移动。

玻尔认为，电子可以在不同的轨道之间相互跳跃，即量子跃迁。电子从能量高的轨道跳到能量低的轨道，电子能量就要以光子的形式释放出来，这就满足了能量守恒。玻尔的原子模型以量子跃迁为基础，他运用了普朗克的量子概念（普朗克常数），还用到了爱因斯坦的光子概念（光子的能量是普朗克常数与频率的乘积）。

玻尔建立了量子跃迁的概念后，还发展了一套对应原理。通过对应原理可以计算出氢原子内电子的能量，电子跃迁发出的光与实验观测到的光谱在数据上惊人的一致。由此，对应原理成为量子理论的利器。玻尔从这时起成为一位真正的物理学领袖。

随后,玻尔满怀激情回到了自己的祖国丹麦,在嘉士伯基金会的支持下,他着手筹建了理论物理研究所,专门研究新兴的量子物理学。1917 年,这个研究所正式成立,后来成为量子力学哥本哈根学派的大本营。玻尔立志要在研究所开创一番宏大的事业,他坚定地表示:"科学没有国界,但科学家是有祖国的。"

虽然当时的丹麦在物理学界被视为一个"小镇",但是玻尔从不后悔回归祖国。他深信在自己的努力下,丹麦将在物理学领域崭露头角,成为一颗璀璨的明珠。果不其然,不久后,他的理论物理研究所就吸引了量子力学的杰出代表海森堡的加盟。

量子力学真正建立的时刻已经到来了。

海森堡与薛定谔
建立量子力学的完整形式

时间到了 1925 年，年轻的物理学博士海森堡敏锐地察觉到，玻尔的原子模型其实存在一些问题：玻尔理论中的电子圆周运动轨道在现实中根本无法被观测到，而光的频率和强度才是可被测量的。年轻气盛的海森堡决定抛弃玻尔的电子轨道理论，转而寻求通过光谱的观测来建立新的物理学体系。

海森堡在度假中喜获灵感

1925 年 5 月，欧洲北海的赫尔兰小岛上，天空那么阴沉，海鸥在风中盘旋，岛上杂草丛生。戴着墨镜的海森堡脸色阴郁，独自漫步在沙滩上，时不时用脚踢起浪花，仿佛在试图打破这

海森堡（1901—1976）

沉默的束缚。他得了枯叶草病（一种花粉过敏病），需要逃离那些充满花粉的地方。于是，海森堡来到了这人迹罕至的小岛。

　　海浪拍打在沙滩上，发出"哗哗"的响声。这个单调的节律在海森堡听来仿佛是一种循环往复的周期运动。然而，此刻他的思绪飘向了另一个更复杂、令他困惑已久的周期运动问题——电子绕着原子核的圆周运动。这是玻尔建立的经典模型，但海森堡已经对此感到厌烦了。

　　24岁的海森堡喜欢海浪的声音，那声音就像是一个孤独沉默者的哭泣，拍打着他的灵魂。潮起潮落，这些简单的周期运动突然给了他无尽的灵感：

"电子轨道也是周期运动？

那么，电子轨道是一个周期函数？

周期函数可以展开为傅里叶级数吗？

用傅里叶级数来展开电子的轨道？

展开后，是光的频率和振幅？"

电光石火之间，海森堡抓住了灵感之花——傅里叶级数展开式。从海边回到旅舍后，他迅速洗了个澡，洗去一身的疲惫，随即把脑海中闪现的灵感记录在纸上。夜色已深，海森堡的思绪却如繁星般闪烁。

海森堡连夜完成了电子轨道的傅里叶级数展开式。他很快发现：这里不应该使用正常的傅里叶级数，因为原子发光时，光的频率并不是等间隔分布的，似乎杂乱无章，但这些看似无序的频率也可以作为一种变形的傅里叶级数的展开频率。

这就好像人民币一样，并不是 1 元、2 元、3 元、4 元、5 元……等间隔面值，而是有 1 元、5 元、10 元……这些不等间隔的面值，但可以满足任何支付需求。

如果这种变形的傅里叶级数展开式是可行的，那么海森堡就可以得到一种独特的数学乘积，这种乘积满足一种特殊的求和规律。这是什么？海森堡写到这里就戛然而止，陷入迷茫之中，觉得自己像一位迷路的旅人，在数学的丛林中徘徊不前。文章完成时已是凌晨，天空露出鱼肚白，海森堡困意全无，出门跑到远处的山崖上，静待旭日升起。

　　之后，海森堡从岛上返回哥廷根大学，把文章交给导师马克斯·玻恩审阅。玻恩看了文章后说："你文章中提及的那些乘积其实是矩阵的乘法，我上学的时候就跟希尔伯特教授学习过。"玻恩"一语道破天机"，为海森堡解开了困惑。原来，海森堡所使用的变形的傅里叶级数展开式，本质上就是矩阵乘法。这标志着量子力学的一种新的表达形式——矩阵力学的诞生。紧接着，海森堡发表了他关于矩阵力学的第一篇论文《关于运动学和动力学的量子力学解释》，由于这篇论文只署了他一个人的名字，在历史上被称为"一人文章"。

　　随后，玻恩与约当等人也加入这一研究，深入拓展了海森堡的矩阵力学。根据海森堡的矩阵力学，科学家可计算出氢原子的光谱。值得注意的是，海森堡的矩阵力学摒弃了玻尔的电子轨道理论。因此，它代表了一种全新的物理学视角。

薛定谔的灵魂受震撼

　　经过一年的沉淀，物理学家薛定谔为量子力学注入了新的活力，创立了量子力学的另一种新形式——波动力学。

　　在此之前，法国物理学博士路易·德布罗意在自己的博士论文中提出"电子不仅是一个粒子，还是一个波"。德布罗意的思想其实不算是创新，因为早在1905年，爱因斯坦就已经提出了无质量的光子具有波粒二象性。20年后，德布罗意认为有质量的电子也具有波粒二象性。如果德布罗意的这一理论成立，

薛定谔（1887—1961）

那么就需要有一个波动方程来描述电子波。而寻找这一波动方程的重任，最终落在了薛定谔的肩上。

薛定谔那时已近 40 岁。1925 年的圣诞节，阿尔卑斯山上的皑皑白雪吸引了无数游客前来度假。薛定谔带着他的女朋友来到了这片银装素裹的滑雪胜地。在享受滑雪之余，薛定谔还不忘分析德布罗意提出的关于电子具有波动性的理论。薛定谔认为：电子既是粒子，那么就有确定的轨道和轨道的作用量 S；同时，电子又具有波动性，因此应该有一个描述其波动性的波函数。问题是，这个作用量和波函数之间的桥梁是什么呢？薛定谔忽然有了灵感。

物理学家玻尔兹曼是薛定谔的学长，他们都毕业于维也纳大学。玻尔兹曼去世后，普朗克把玻尔兹曼关于熵的思想总结为一个简洁的公式：$S = k \mathrm{Ln} W$。这个公式后来被刻在玻尔兹曼的墓碑上，成为其不朽学术贡献的象征。正是这个公式给了薛定谔宝贵的灵感。

熵的公式 $S = k \ln W$，它揭示了宏观熵（S）与微观状态数（W）之间的紧密联系。这个公式告诉我们，在一个孤立体系中，熵（S）总是增加的，即孤立体系趋向于越来越混乱。这就是最大熵原理，也是宇宙中的基本规律之一。然而，薛定谔意识到，这个世界上还存在一套同样简单的力学规律——最小作用量原理，即在所有可能的轨道当中，粒子选择作用量最小的轨道……

想到这里，薛定谔的灵魂被深深地震撼。他的嘴角露出微笑，低声自语："如果作用量也能以对数的形式来表达……"于是，薛定谔迈出了关键的一步，他把作用量表示为 $S = -ih \ln \psi$，其中 S 是电子的轨道作用量，ψ 就是波函数。

如此，薛定谔就把电子的粒子性和波动性结合在一起。

薛定谔深知作用量需要满足哈密顿-雅可比方程。这是一个历史悠久的偏微分方程，已被使用了百年。薛定谔决定把这个新的表达式代入经典粒子运动的哈密顿-雅可比方程。薛定谔不禁有些疑惑：电子的波动性真的存在吗？

薛定谔利用变分法继续演算，最终获得了一个波动方程，即著名的薛定谔方程。薛定谔方程因精确解出氢原子的能级而大获成功，这标志着波动力学的建立。

至此，矩阵力学与波动力学的建立，共同构成了量子力学的完整形式。量子力学的产生和发展，是人类对自然理解的一次重大飞跃。尽管微观世界的物理规律并不符合宏观世界的逻辑，但正是对这些规律的理解和掌握，才使得人们发明了激光器、计算机、核磁共振仪等，极大地推动了人类文明的进程。

量子计算机的"超能力"

当我们提及"量子"时，很多人都会想到，量子是对微观世界中一些"小东西"的统称。分子、原子和电子等都是量子的不同表现形式，它们构成了物质世界的基础。而量子计算机就是依靠这些"小东西"执行卓越的计算任务的。电影《流浪地球》中，虚构了一个具有强大计算功能的量子计算机 MOSS。通过它，我们已经见识到了量子计算机的强大计算能力。那么，量子计算机为何具有如此强大的计算能力？

不同于传统计算机

量子计算机和我们现在所使用的传统计算机（俗称电脑）

差别很大。从外观上说，量子计算机看起来更像是一个做物理实验的科学仪器平台。比如，超导量子计算机都需要配套稀释制冷机，而稀释制冷机的外观看起来就是一个大型圆筒，这完全不同于普通计算机的外形。

从工作原理上来说，量子计算机与传统计算机的计算形式也很不一样。传统计算机的工作原理可以简化为电路的开和关。无论是屏幕上的图像还是键盘输入的汉字，其背后的数据都是通过芯片晶体管的"开关"来处理的。简单来说，通电时，有电流通过就表示"开"；断电后，没电流通过就表示"关"。这种简单的二进制逻辑，使我们可以把"开"记为0，而把"关"记为1。电脑存储信息的最小单位是比特（bit）。一个比特只能表示两种情况之一：1或0。假如有两个比特，它们就能表示00、01、10、11这四种情况中的某一种。

而在量子计算中，我们首先要构造所谓的量子比特。一个量子比特是1和0的叠加态。两个量子比特则可以表示00、01、10、11这四种情况的线性叠加，测量以后可以得到信息。一个量子比特其实是一个量子的叠加态。这种叠加态存在于一个二维的希尔伯特空间中，表现为一个矢量。这个矢量的独特之处在于其长度是固定的（即单位长度），但方向可以灵活变换。因此，这个矢量在希尔伯特空间中可以指向任意一点，其端点的移动轨迹形成一个完整的球面，即布洛赫球面。

量子计算的算法与应用

当量子计算机工作时，这个量子比特就指向布洛赫球面的某一点，而每一次量子计算的操作，实际上就是这个矢量端点在布洛赫球面上的精确移动。每一次操作其实就是执行一次"量子门"。我们做量子计算其实就是在操作量子比特。这些操作可以是对一个量子比特，也可以是对多个量子比特。多个量子比特是 n 个单量子比特的张量积，从而构成一个更为复杂的量子态。这个多量子比特作为一个量子态，具有 2^n 个基矢。以两个量子比特为例，它们共同构成的量子态包含 4 个基矢，分别是 00、01、10 和 11。根据量子态的张量积原理，每个基矢前有一个系数。这个系数的模的平方代表着量子计算结束后被我们观测到的相应基矢的概率。换句话说，当我们对量子比特进行测量时，这些系数决定了我们观察到不同结果的可能性。

进行量子计算时，通常需要设计特定的量子算法。高效算法的核心是：确保目标基矢前的系数的模平方趋近于 1，而其他基矢前的系数的模平方趋近于 0。这样，当量子计算完成后，我们对量子态观测时，能获得一个简单而清晰的概率分布图（即量子计算的结果）。

对量子态进行特定操作的算法其实就是量子线路，这是一种由量子门组成的序列。对于不同的问题，我们需要设计不同的量子线路。比如：在解决大整数的素因子分解问题时，我们可以使用 Shor 算法。在迷宫中寻找出口时，我们可以使用 Grover 算法。

在解决某些问题方面，为什么量子计算机比传统计算机拥有更强大的计算能力？正如前文所说，量子计算机的多量子比特（作为一个量子态）有 2^n 个基矢，其基矢数量呈指数级增长——每多一个量子比特，其计算能力就会翻倍。这就好比一张纸如果能对折 100 次，其厚度将超过珠穆朗玛峰的高度。同样的道理，如果能实现 100 个量子比特的稳定操作，量子计算机的计算能力就超越了地球上所有超级计算机的算力之和。

本质上，量子计算机是并行计算的。因为对 n 个量子比特的一次操作，其实同时改变了 2^n 个系数。这就好比孙悟空的一根毫毛可以变出很多个孙悟空，来一起战斗。正是由于这些独特的量子特性，量子计算机在密码分析、气象预报、石油勘探、药物设计等需要大规模计算的领域展现出巨大的发展潜力，为科学研究和技术创新开辟了新的可能性。

目前，不同类型的量子计算机使用的是不同的粒子，如原子、离子、光子等。比如：中国科技大学研制的九章量子计算机是光量子计算原型机，使用的光子这种基本粒子；祖冲之号量子计算机是超导量子计算机，使用的是一种"虚拟原子"——超导约瑟夫森结。量子计算机在某些领域具有传统计算机无法比拟的优势，中国的量子技术已成功跻身世界前列。

绝对安全的量子通信

2016 年，长征二号丁运载火箭在酒泉卫星发射中心点火起飞，成功地将它搭载的墨子号量子科学实验卫星（以下简称墨子号）送入距离地球 500 千米的预定轨道。时至今日，这颗卫星仍在无垠的宇宙中默默运行，承担着重要使命。很多人可能都听说过墨子号，也知道它是用来做量子通信的。那么，到底什么是量子通信呢？

简而言之，量子通信涵盖了多种前沿技术，其中最为人们所熟知的是量子密钥分发和量子隐形传态。在此，我们重点探讨一下量子密钥分发。密钥就是加密过程中使用的一种手段。在通信领域，密钥是确保信息安全传输的关键。而量子密钥分发，正是利用量子力学的独特性质，为信息传输提供了一种前所未有的加密方式。

分发密钥

我们以金庸小说《射雕英雄传》的主角郭靖和黄蓉为例，来探讨数字加密的问题。假设黄蓉身处风景秀丽的桃花岛，她想给远在蒙古大漠的郭靖发一个数字 2（在密码学中被称为明文）。但黄蓉不想直接发送明文，因为明文有可能在信息传递的途中被心怀不轨的窃取者截获。为了确保信息安全，黄蓉决定对明文数字 2 进行加密。怎么加密呢？黄蓉选择对数字 2 进行 5 次方的运算，得到了 32。那么，32 就是加密后的暗文，而 5 次方操作中的数字 5 就是她使用的密钥。

当郭靖收到暗文 32 后，他利用黄蓉之前告知他的密钥——数字 5，对 32 进行除法运算，并取余数。这时，郭靖就知道黄蓉传输的真实数字是 2。不过，这一切顺利进行的前提是郭靖知道密钥是 5。这个密钥成了传递信息的保障，使得窃取者即使截获了暗文 32，也无法轻易解读出其中的真实含义。

这是一个保密通信过程，其背后的数学基础是数学家都很熟悉一个数论定理——费马小定理。根据费马小定理，黄蓉可以以 5 为密钥，对任何一个与 5 互质的整数进行加密处理，然后发送给远方的郭靖。而郭靖在收到黄蓉发送的加密数字后，他只需要运用费马小定理的逆运算，即用这个数字对 5 求余数，就可以轻易得出明文。

在上述这个例子中，密钥 5 是黄蓉与郭靖彼此知道的，但窃取者并不知道密钥，所以窃取者即使截获了暗文也无法得到明文。此外，我们假设的是黄蓉与郭靖身处异地，那么黄蓉必须把密钥 5 远程传递给郭靖。这一传递过程如果是通过量子信道来完成的，就被称为"量子密钥分发"，其使用的方法与量子力学基本原理有关。

在量子密钥分发过程中，墨子号负责向郭靖和黄蓉分发密钥。得到密钥后，黄蓉先用密钥对信息加密，并通过经典信道（电话线、网线等，这些不具有量子功能的通信方式）把暗文传递给郭靖。而郭靖收到暗文后，凭借已知晓的密钥，可进行解密并获得明文。所以，量子密钥分发的核心在于安全分发密钥，而不是传递加密后的信息。

绝对安全

而且，量子密钥分发还有一个特点——随机性，即每次加密的密钥都是独一无二的，因此也被称为"一次一密"。这种方法从根本上确保了通信的绝对安全。问题是：密钥能被窃取吗？答案是肯定的。但是，密钥一旦被窃取，郭靖和黄蓉很容易发现窃取者，从而立即中断通信，放弃传送暗文。这意味着即使窃取者获得了密钥，他也难以利用这一信息，因为通信已经中断，密钥的时效性也随之失效。当然，如果窃取者执迷不悟，持续干扰，就会导致郭靖和黄蓉无法正常进行量子密钥分发。但一般情况下，郭靖和黄蓉只要改变量子信道，就能有效避开窃取者的追踪，使窃取行为变得困难。

在密钥分发过程中，为什么窃取者的存在一定会被发现？这背后是基于量子力学的两个基本原理：量子态的测量坍缩原理和量子不可克隆原理。具体来说，当量子态被测量时，它会瞬间坍缩到一个确定的状态，这个过程是不可逆的。此外，根据量子不可克隆原理，无法复制未知的量子态而不破坏它，这进一步确保了量子密钥的安全性。窃取者窃取密钥的行为会破坏黄蓉传递给郭靖的量子态，从而改变郭靖的测量结果。所以，黄蓉与郭靖只要比对一下测量结果与预期的量子态，就可以知道是否存在窃取者了。

量子密钥分发是借助量子叠加态的传输测量实现通信双方安全的量子密钥共享，再通过一次一密的对称加密体制，即通信双方均使用与明文等长的密码进行逐比特加解密操作。由于每次通信都使用独特的密钥，而且密钥的生成和分发过程是基于量子力学原理的，无法被窃取或破解。因此，量子密钥分发为实现无条件绝对安全的保密通信提供了强有力的技术支持。

量子通信领域的另一项技术是量子隐形传态。它的核心目标是：不传输粒子本身，而是将其量子态远程传到另一个粒子上。这一方式是通过量子纠缠和经典通信的结合，实现了量子态的远距离传输，所以信息的传递速度不可能超光速。

总之，无论是量子密钥分发还是量子隐形传态，都需要经典通信手段与量子通信技术相互结合。这些技术并没有违反狭义相对论的基本原则。

《三体》中的量子通信

电视剧《三体》中也存在一种量子通信技术：地球上的智子可以通过量子纠缠的方式，把信息以超光速传递给远在三体星上的智子。这一技术在科幻中是可以实现的，但在科学上并不成立。因为量子纠缠虽然赋予了粒子间一种超越经典物理范畴的联系，但这种联系十分脆弱。两个智子之间的量子纠缠，每进行一次测量就会破坏原先的量子纠缠。也就是说，只有在双方的基矢完全一致的情况下，才有可能实现一次短暂的、远程的量子通信，且仅传递一个比特的信息。

当传递第二个比特的信息时，需要重新建立新的量子纠缠，而这一过程需要极其苛刻的条件。具体来说，我们可以假设原来的量子纠缠态是两个智子自旋相反的状态。当地球上的智子要传递信息时，首先需要对自己的量子态进行编码，比如要传递 0，地球上的智子就需要把自己的量子态制备到自旋朝上的状态。然而，这一制备过程会导致三体星上的智子自旋朝下。这就破坏了原先两个智子之间的量子纠缠态（因为量子纠缠态本质上是一个叠加态，包含了 2 种情况），排除了地球上的智子自旋朝下、三体星上的智子自旋朝上的情况。

　　放下科幻，我们再回到可以真正实现量子通信的墨子号上。墨子号的成功发射及其一系列的实验，使得量子通信技术突破了空间距离的限制，为广域乃至全球范围的量子通信铺平了道路。

高精度的量子重力仪

　　每当强烈的地震骤然来袭时，其巨大的破坏力往往无情地剥夺无辜的生命，给人们带来极其严重的威胁。大家可能会问：地震能否提前被预测？确实是可以的。但这种预测地震的数据如果以年为单位，比如仅预测某国明年可能遭遇强烈地震，但没有具体到月份和日期，那么这样的预测就失去了意义。因为这意味着人们可能一整年都保持高度戒备和处于魂不守舍的状态中。这显然是不合适的。理想的地震预测必须具体到准确的地点（如地级市）和精确的时间（如某个星期），这样才能在最大程度上减少因防震而引起的社会经济的停滞。然而，要实现这一目标，我们面临着诸多挑战。

　　我们都知道，全球大陆板块是彼此联动，相互作用的，这为地震预测提供了一定的理论基础。研究人员通常从历史地震数据中寻找潜在的规律和模式，这在统计学上有一定的道理，但历史地震与未来地震在物理机制上的相关性有待进一步验证。目前，由于缺乏地球内部活动的精确观测数据，研究人员还很难实现准确、可靠的地震预测。

　　有些读者可能已经想到，如果能精确监测地震来临前重力场的变化，是否可以预测地震？的确可以。用于探测地球重力场变化的仪器叫作重力仪。重力仪分为相对重力仪和绝对重力仪。相对重力仪专注于测量相对重力加速度（即当地重力加速度的改变量），而绝对重力仪可测量当地重力加速度的绝对数值。

　　历史上，最早出现的重力仪是单摆型重力仪，其工作原理基于单摆周期公式，即单摆的摆动周期与重力加速度的平方根成反比。因此，只要测出单摆的摆动周期，我们就可以得到当地的重力加速度。不过，单摆型重力仪的测量精度不高，无法捕捉到微小的重力变化。

　　目前，科学家已经发明了一种精度很高的重力仪——量子重力仪。地震来临前，地下岩浆的流动会使岩石圈变形，导致重力变化。而量子重力仪凭借高精度（约为 10^{-8} 米/秒^2 精度），可以测量出微小的重力加速度变化。通过结合理论模型的分析，科学家有望实现对地震的精准预测。

量子重力仪还可以帮助潜水艇进行水下导航。

地球上各地的重力加速度因地势起伏和地下矿床分布不同而呈现微小的变化。正是基于这一原理，科学家通过精密测量每个点的重力加速度，绘制出一张详尽的引力地图，以此作为一种独特的导航地图。想象一下，甲地的重力加速度为 9.800 233 3 米/秒^2，乙地的重力加速度为 9.800 244 4 米/秒^2，丙地的重力加速度为 9.800 255 5 米/秒^2（请注意，以上数据并非实际测量值）。如果潜水艇从乙地出发，所携带的量子重力仪测到的重力加速度在逐渐变小，那么潜水艇的驾驶员就可以确信自己正在朝甲地航行；反之，如果重力加速度在逐渐变大，就意味着潜水艇正驶向丙地。

以目前量子重力仪所展现的高精度，我们有能力绘制一张非常精准的引力地图。量子重力仪属于量子精密测量这一范畴，利用的是原子干涉原理。当频率相同的两束波相遇并叠加在一起时，它们会产生一系列明暗相间的条纹，这就是干涉现象。在量子力学中，原子（一般为铷原子等碱金属原子）是有质量的微观粒子，同样展现出波粒二象性特质，即原子也是一个物质波，那么波是可以发生干涉的。

在量子重力仪的精密测量过程中，首先通过一束激光的作用，使一束原子分离为两束，随后这两束原子在重力场中沿不同的路径行进。接着，利用第二束激光改变这两束原子的运动初速度，使它们在引力场中做自由落体运动。尽管它们在运动中走过相同的距离，但它们过程中的运动速度大小并不一样。最后，借助第三束激光让这两束原子重新合为一束，完成干涉过程。

这两束原子的波函数的相位差与它们运动过程中受到的重力加速度有关。所谓相位差，是指描述两个波形在时间或空间上相对位置差异的量。在原子的波函数中，相位差可以反映原子状态的相对变化，这与它们受到的重力有关，进而影响波函数的演化和干涉特性。我们通过原子干涉技术测量出相位差，就可以精确得出当地的重力加速度。这种基于量子力学的测量方法，使得量子重力仪的测量精度很高。

除了在地震预测与水下导航领域展现出非凡的潜力，量子重力仪还可以在矿产资源勘探等方面开辟新天地。简单地说，由于不同的金属矿藏具有不同的密度，它们在重力加速度上的差异就为量子重力仪提供了勘探的可能。可见，量子重力仪的市场应用前景是非常广阔的。不过，作为一项新兴的量子技术，量子重力仪目前尚未普及民用市场，未来有望率先应用于地震防控、军事领域等，为这些领域带来革命性的变革。随着技术的不断成熟和成本的降低，我们有理由相信，量子重力仪将逐步走进人们的日常生活，成为推动社会发展的重要力量。

超导的发现与探索

超导材料在接近绝对零度的低温下，电阻会突然降至零，仿佛打开了一扇通往无电阻世界的神秘大门。想象一下，超导材料中的电子不再受到电阻的束缚，而是像幽灵一般自由地穿梭于材料之间。这一现象不仅打破了我们对电阻的常规认知，更揭示了微观世界中粒子间相互作用的奥秘。这一切都离不开量子力学的支撑。在量子世界里，电子不再是传统的经典粒子，它们以波粒二象性的形式存在，遵循着与宏观世界截然不同的规律。正是这些看似不可思议的量子效应，赋予了超导材料独特的性质。

超导现象的发现为我们揭示了量子力学在宏观世界中的奇

妙应用。从高速列车到磁悬浮技术，从粒子加速器到量子计算机，超导技术的应用已经渗透到了我们生活的方方面面。

20 世纪初，荷兰莱顿大学拥有当时世界上最先进的低温物理实验室。1908 年，实验室主任卡末林·昂内斯带领研究团队，将当时被认为是"永久气体"的氦气成功液化，并测定了液氦在标准大气压下的沸点为 4.2 开，这一数值至今仍为科学界所公认。昂内斯成为世界上第一位掌握 4 开以下低温技术的科学家。低温条件是超导现象的关键要素。因此，这也是超导发展史上的一个里程碑事件。

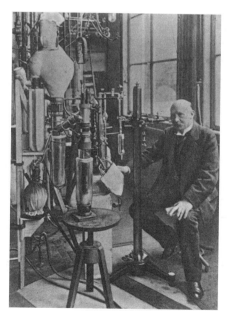

卡末林·昂内斯坐在实验室里，身旁是科学仪器

在拥有液氦这个超低温"利器"后，昂内斯开始研究如何测量低温下的金属电阻。由于金属电阻本身较小，要想精确测量电阻大小，就不能采用简单的两电极法（用一个正极外加一个负极来测量）。昂内斯采用了更为精确的四电极法：在材料两端设置两个电极以通入恒定电流，而在材料中部则再设两个电极用于测量电压。电压的大小正比于电阻值。这种方法规避了电极与材料接触可能产生的电阻干扰，至今仍是小电阻测量的常用方法。

昂内斯起初以金和铂为实验材料，测量它们在 5 开以下的低温电阻。他发现：在这个温度下，金和铂的电阻并没有降低到零，而是保持一个有限的剩余电阻。直到 1911 年，昂内斯的研究团队在测量液氦中的汞电阻时，取得了突破性进展。当温度降到 4.2 开时，汞的电阻突然急剧下降，甚至低于仪器测量范围的最小值，这被近似认为是零电阻状态。昂内斯把这种前所未有的物理现象命名为"超导"。

为什么首先在汞而非其他金属中发现超导现象呢？主要原因是：一方面，汞在常温下是液态，通过简单的蒸发就可以显著提高其纯度。对于金属单质来说，纯度是影响其超导性能的一个重要指标。另一方面，铜与铁等金属具有良好的导电性，通常都不被认为是超导体，所以汞就很容易成为超导体"候选者"。

超导的特征不止一面

零电阻效应是超导体的核心特征之一。当然，超导体还需要满足另一个特征——迈斯纳效应，尽管当时还未被发现。随后，昂内斯带领研究团队对金属铅和锡进行了类似的测试并发现：这两种金属分别在 6 开和 4 开时发生超导。

那么，当超导发生时，电阻是否完全等于零？昂内斯倾向于认为超导状态下的电阻其实是一个极小的"微剩余电阻"，尽管后来的科学实验和理论都支持超导状态下电阻完全为零的观点，但从物理的角度来说，这已不重要。因为昂内斯的研究已足够说明：超导背后一定有另一种物理机制在起作用。昂内斯获得了 1913 年的诺贝尔物理学奖，获奖理由是"在液氦环境下开创性的低温物理性质研究"。

昂内斯发现汞的超导现象后，尚未能给出物理上的解释。其实，超导现象是一种宏观量子现象，而当时完整的量子力学理论还没建立起来。直到 1925 年，德国年轻的物理学家海森堡建立了量子力学的矩阵形式，这为后续从物理角度解释超导现象提供了理论基础。值得一提的是，1933 年德国物理学家瓦尔特·迈斯纳与合作者发现，超导体内部磁感应强度为零，即超导体具有完全抗磁性，这一现象后来被命名为"迈斯纳效应"。这一发现与零电阻效应一起，成为判断超导体的重要指标。

从这个意义上来说，昂内斯发现的零电阻现象只是超导现象的一个侧面。超导现象就像一座山，横看成岭侧成峰，从不同角度观察都会发现其独特的魅力。

不断完善的超导理论

1935 年，英国的两位理论物理学家弗里茨·伦敦和海因里希·伦敦（他们被称为"伦敦兄弟"），基于超导体中的零电阻现象和迈斯纳效应，结合麦克斯韦电磁理论，构建了一组唯象方程（即不涉及物理规律而是描述物理现象的方程）来描绘超导，这被称为"伦敦方程"。这组方程首次以合理的方式描绘了超导体的电磁特性，并给出了磁场在超导体表面存在"穿透深度"这一重要概念。

伦敦方程的基本思路是基于迈斯纳效应，即磁场对超导体的影响。伦敦兄弟通过实验发现，虽然超导体内部的磁感应强度为零，但实际上磁场在一定程度上可以穿透超导体表面和边缘。随着外部磁场强度的增加，磁场穿入超导体的深度会逐渐增加，直至完全夺占超导体，使其超导性能完全消失。伦敦兄弟提出，由于超导体内部磁感应强度为零，对麦克斯韦方程组稍加修改就可以得到描述超导电磁特性的新方程。由此可知，磁场在进入超导体后，磁场感应强度会呈指数衰减。磁场穿透深度又称为"伦敦穿透深度"，至今仍是评估超导材料性能的重要物理参数。如果外磁场足够强，超导体就会被完全穿透，转变为正常导体。

伦敦方程并没有从根本上解释超导体为何可以呈现超导性质这一核心问题，仍有明显的不足。1947 年，英国科学家布赖恩·皮帕德修正了伦敦方程，并在此基础上提出了超导序参量在空间中的分布特征长度概念。这一创新引入了"超导关联长度"的新视角，进一步完善了超导理论。1950 年，苏联科学家维塔利·金兹伯格和列夫·朗道基于二阶相变理论，构建了超导的完整唯象方程，即金兹伯格-朗道方程。这一方程成功解释了超导的热力学相变现象。

超导理论研究的突破进展，归功于科学家引入了量子力学基本原理。量子力学告诉我们，所有的微观粒子都同时具有粒子性和波动性。正是基于波粒二象性，美国科学家约翰·巴丁、里昂·库珀和约翰·施里弗在 1957 年建立了 BCS 理论（以他们名字的首字母命名），该理论深刻解释了超导现象。

BCS 理论基于电流的基本原理：在金属内部，原子核排列成晶格点阵结构，其中内层电子受到原子核的束缚，而外层电子则相对自由。当给金属施加电压时，这些自由的电子在晶格点阵间流动，形成电流。然而，晶格的缺陷和热振动会对电子的运动产生阻碍，这就形成了电阻。

在 BCS 理论的指导下，科学家不仅成功预言了超导临界温度（即在此温度之上，超导体将失去零电阻的特性），还寻找到了具有更高临界温度的新超导体。对于后续发现的铜氧化物高温超导体（即临界温度高于 40 开的超导体），许多科学家希望继续利用 BCS 理论来揭示其物理本质。但实际上，在铜氧化物高温超导体中，电子之间的电磁相互作用（直接作用）构成了库珀对，这与 BCS 理论中的声子相互作用（间接作用）有着本质的区别。遗憾的是，这些电子间的直接作用异常复杂，很难通过理论公式来描述。30 余年过去了，科学家对高温超导中电子配对机制的研究并未达成共识，也没有构建出一个像 BCS 理论那样成功的新理论。这仍是一个待解的物理学难题，需要更多的研究去探索。

―――――――――― **知识卡片** ――――――――――

▶ 零电阻的超导现象是怎么形成的？首先，当一个电子经过带正电的晶格点阵时，由于正负电荷之间的吸引作用，它将与晶格中的原子核相互靠拢。这种局域的畸变使得正电荷聚集，吸引另一个电子的到来，从而让两个电子束缚形成稳定的配对，即"库珀对"。其次，库珀对中的两个电子形成一种特殊的粒子——玻色子。这些玻色子将相互交叠，同步运动，集体凝聚成一个巨大的波动，即"玻色—爱因斯坦凝聚态"。这些玻色子具有独特的量子效应，它们无阻碍地流经晶格，导致电阻突然消失，达到超导状态。

蓬勃发展的超导家族

尽管铜与铁的单质在低温下并不展现超导性，但是铜基与铁基的氧化物表现出了令人惊讶的超导性。1965 年，美国科学家威廉·麦克米兰基于 BCS 理论，提出超导临界温度的经验公式，并据此推断超导体存在一个约 40 开的临界温度上限，这一极限被称为"麦克米兰极限"。在接下来的 20 年，这个"魔咒"般的极限一直没有被打破，超导体的临界温度始终未能突破 40 开。

铜基高温超导

1986 年，情况发生了转变。IBM 瑞士公司的两位科学家约翰内斯·乔治·贝德诺兹和亚历克斯·穆勒，在一类具有复杂层状结构的铜氧化物陶瓷材料中，意外发现了高温超导现象。此材料的超导临界温度最高可达 35 开，虽然仍在麦克米兰极限之下，但这种复杂结构的铜氧化物超导体的出现，给有心人带来新的启示。毕竟，在此之前，人们从不认为铜氧化物具备超导性。

机遇只青睐有准备的人。1987 年，我国科学家赵忠贤的团队和美国科学家朱经武、吴茂昆团队，各自独立地在钡钇铜氧材料中发现了临界温度高达 93 开的超导体。这一发现首次突破了麦克米兰极限，成为超导发展史上的大事件。之后，科学家把临界温度高于 40 开的超导体定义为"高温超导体"，铜氧化物则成为高温超导家族中的第一位成员。

那么，如何解释铜氧化物的高温超导特性呢？1987 年，美国科学家菲利普·安德森提出了铜氧化物高温超导的"共振价键理论"。该理论描绘了铜氧化物中电子体系在强关联状态下的超导微观图像，但没有在物理界获得广泛共识。至今，铜氧化物高温超导的微观机理仍是凝聚态物理领域中一个悬而未决的难题。接下来的 20 年，高温超导研究又陷入了低谷期。

铁基高温超导

直到 2008 年，超导发展史上又一次出现革命性的事件。日本科学家细野秀雄及其研究团队发现，一种掺杂了氟的铁基氧化物（镧氧铁砷）在 26 开时表现出超导性能。这一发现打破了铁基材料不能实现超导的传统观念。因为在此之前，科学界一般认为磁性和超导性是相互竞争的关系，那么铁是有磁性的，就不该具有超导性。实际上，铁基超导体是细野秀雄在寻找新型磁性半导体的过程中，偶然发现的。他最初从事透明半导体方向的研究，成功发现镧铜硒氧具有极为有趣的晶体结构和电子结构。之后，细野秀雄在研究与镧铜硒氧具有相同结构的镧氧铁磷时，意外发现了后者在极低温度下（4 开）时表现出超导性。顺着这一思路，不久后，细野秀雄发现镧氧铁砷在 26 开时表现出超导性。细野秀雄的这一系列发现，被美国《科学》杂志誉为"2008 年世界十大科学进展之一"。

2008 年 3 月，由我国科学家赵忠贤、陈仙辉、王楠林、闻海虎等领衔的研究团队，紧跟科技形势，利用稀土替换技术，成功将铁基氧化物结构体系的超导临界温度提升到 40 开以上。这标志着铁基高温超导体成为高温超导家族的新成员。

回顾历史，自 20 世纪 80 年代，铜氧化物材料成为高温超导家族中的第一个成员后，金属单质和氧化铜一度被视为最优的超导材料。自 2008 年细野秀雄发现铁基超导材料以来，研究人员开始探索新型超导材料。尽管铁基高温超导体的临界温度相对较低（维持在 50 开左右），但其潜在价值已得到广泛的认可，并飞速应用到了众多现实产业中。

"不走寻常路"的石墨烯

自从铜基超导与铁基超导被发现以后，其他类型的超导体也不断涌现。超导家族呈现蓬勃发展之势。2018 年，我国年轻学者、美国麻省理工学院博士生曹原和他的导师巴勃罗·赫雷罗等人共同揭示了双层"魔角"石墨烯的神秘面纱。他们惊奇地发现：在门电压调控（门电压调控是半导体领域常用的方法之一）下，当温度降至约 1 开时，这种材料表现出卓越的超导性能。这一发现推动了基于二维材料调控的超导研究，从此，超导探索迈入人工设计和原子改造的新时代。

那么，究竟什么是石墨烯呢？石墨烯是一种独特的二维材料，它由单原子层构成，晶格排列在二维平面内。实际上，石墨烯是石墨的单原子层版本，展现出了卓越的物理和化学特性。早在 2004 年，英国科学家康斯坦丁·诺沃肖罗夫和安德烈·盖姆就首次成功分离出石墨烯。他们利用胶带逐次对石墨进行层层剥离，直至获得仅由一层碳原子构成的超薄片（即石墨烯），并将其放在硅片上，借助原子力显微镜进行观察。他们发现石墨烯结构非常稳定，这就证明了二维单原子层薄膜材料的存在性和可制备性。这一发现为诺沃肖罗夫和盖姆赢得了 2010 年诺贝尔物理学奖的殊荣。

石墨烯的发现之所以能引起科学界的重视，是因为它具有一定的"颠覆性"。早在 20 世纪 30 年代，苏联物理学家朗道曾

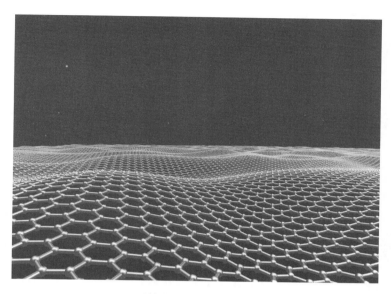

石墨烯是一种独特的二维材料

提出一个理论：由于热力学不稳定性的存在，任何准二维晶体中的原子都将偏离其晶格位置，导致在有限温度下这些晶体不可能稳定存在。然而，石墨烯的横空出世显然打破了朗道的预言。

尽管石墨烯的厚度仅相当于一个碳原子的直径（约 0.335 纳米），几乎等同于头发丝直径的二十万分之一，但其强度非常大。研究结果显示，只有当一头大象站在铅笔的末端，其体重才能刺破这层石墨烯。因为石墨烯是由碳原子通过共价键连接而成的二维薄膜，键能很高，所以其强度能达到钢的 100 倍。不仅如此，石墨烯还具有许多其他良好的性质，如电阻小、透光好等。

　　曹原及其导师赫雷罗则意外发现，石墨烯居然具有超导性。他们观测到双层石墨烯的超导临界温度仅为 1.7 开，更令他们吃惊的是，上下两层石墨烯只有在特定的"魔角"下——两层没有完全重叠，而是保持 1.1 度的偏差时，才出现超导零电阻状态。可见，外界的几何性质或拓扑性质能把本来不超导的石墨烯转变为超导体。这是超导领域中一个另类现象！

　　"魔角"石墨烯的出现，为科学家打开了一扇理解超导理论机制的新窗口。相较于铜基或铁基超导体，石墨烯仅由单一的碳原子构成，因此研究石墨烯的物质性质更为简单。科学家通过设置门电压，成功地使石墨烯在绝缘体和超导体之间切换，如同构造了一个非常完美的导电"开关"。无疑，这为未来的超导应用铺设了崭新的道路。也许在不久的将来，由石墨烯超导体做成的电子元器件会出现在市场上，进而改善我们的日常生活。

开启未来的近室温超导

　　超导研究的总目标是寻找室温超导。想象一下，当室温下的物体突然变得像镜子一样可以完美无缺地反射电流，没有任何能量损失，那是何等的震撼。室温超导的实现，将给我们的生活带来翻天覆地的变化：电力传输更高效、环保，从而减少能源浪费和环境污染；电子设备可以更小巧、高效，从而提升我们的生活质量。室温超导不仅意味着能源利用效率的飞跃，更象征着对材料科学、电子技术乃至整个科技体系的深刻变革。

　　那么，室温超导体找到了吗？答案是没有。但令人惊喜的是，科学家可以在极端高压环境下，实现接近室温的超导。为什么极端高压会对超导产生影响呢？原因可能是：在极端高压下，材料体积的急剧减小会提高电子浓度，进而有利于形成库珀对，这就为实现超导提供了可能。

超导瞄准"氢"

起初，物理学家的思路是在极端高压下把氢制成金属氢（其导电性能类似于金属），并预测金属氢可能是超导体。这一猜想最早是由美国康奈尔大学的理论物理学家内尔·阿什克罗福特在 1968 年首次提出，他认为可能需要 1 000 吉帕的高压才能实现这一转变。1983 年，阿什克罗福特提出了一个新策略：首先，在氢中添加另一种元素，使其像楔子一样嵌入氢分子，从而打散氢分子的双原子结构，释放出自由的氢原子；然后，通过高压环境让氢原子振动产生声子。简言之，这些振动可被看作是量子化的，即它们以离散的能量包（即声子）的形式存在，而这些声子可与电子相互作用。由于氢原子的质量很小，其声子振动频率很高，也就意味着声子能量很高，声子的高能状态有利于大量电子凝聚起来，形成大量的库珀对，进一步实现超导。

在这一思路的指引下，2015 年，德国物理学家米哈伊尔·埃雷梅茨及其研究团队发现，硫化氢在温度为 203 开时出现超导，不过，这需要施加 220 吉帕的高压才能实现。尽管这已经比之前预言的金属氢所需的 1 000 吉帕小了很多，但也说明氢元素化合物在高压下确实存在高温超导。值得一提的是，这一研究是在我国科学家马琰铭研究组的理论计算指导下开展的。这一成功案例标志着我国在超导电性理论预言方面的卓越贡献，此前，超导材料的结构和临界温度的精确预测几乎是一项难以攻克的挑战。

十氢化镧开启近室温超导

2019 年，美国科学家马杜瑞·索马亚祖鲁带领的研究组发现，在 190 吉帕的高压下，十氢化镧在温度超过 260 开时出现超导。260 开是目前已知的最高超导临界温度。在美国伊利诺伊州的阿贡国家实验室，索马亚祖鲁及其团队巧妙地利用金刚石对顶砧这一装置，将一小片稀土金属镧和一定量的氢气置于其中，从而实现了 190 吉帕的高压环境。然后，研究人员在实验室外一块可以屏蔽 X 射线的金属板后，观察着电脑屏幕上不断变化的 X 射线衍射图案，实时监测混合材料的微观结构变化。终于，索马亚祖鲁惊喜地发现，X 射线衍射图上出现了他们期待已久的信号——他们成功合成了十氢化镧。随后的检测表明，十氢化镧于 260 开时出现超导。而这一温度远远超过目前已知的超导体临界温度，距离实现室温超导的宏伟目标更进一步。

近室温超导体的研究发现表明：在不破坏晶格的前提下，极端的高压能产生很强的电子-声子耦合效应。正是由于电子和声子在外界高压环境中被紧紧束缚在一起，才能更快地实现近室温超导。当然，虽然这种突破让我们摆脱了"低温"，但是迎来了"高压"。目前，极端的高压环境仍是室温超导实用化的一大阻碍。因此，我们距离室温超导技术的广泛应用还有一条漫长的探索之路。

大显身手的超导材料

虽然室温超导还没有完全实现，但超导材料已经应用在我们生活的方方面面。比如，欧洲核子研究中心的大型对撞机就使用了超导磁铁。带电粒子在环形隧道中要实现拐弯，必须有强磁场的帮助，而这个强磁场就是由超导磁铁产生的。再如，医院里的核磁共振成像设备的关键组件也是超导磁铁，所以人们在做核磁共振检查时，要避免佩戴任何金属配件。

在超导材料的应用中，一个核心技术挑战在于如何在磁场中保持材料的超导性。普通的超导材料在磁场中往往会失去其超导性，因为超导性与磁性往往难以并存。不过，这个核心技术难题在 20 世纪 60 年代得到了解决。当时科学家发现铌锆合金、铌钛合金和铌三锡化合物等材料的超导体可以保持磁性。

此外，人工控制的核聚变设备也需要用到超导磁铁。核聚变反应产生的上亿摄氏度高温等离子体，在超导磁铁产生的强大磁场作用下，被约束在特定的空间区域内。这是受控核聚变研究的一个重要方向。

在通信系统，超导滤波器已广泛应用于通信基站中，有效提高了通信质量。2010 年，广州特信网络技术有限公司研制了采用长期真空保压、77 开高温超导滤波等技术的超导电子系统，打破了国外在超导滤波技术上的垄断态势。该设备已经在商业运行中的 CDMA（一种崭新而成熟的无线通信技术）基站上投入使用。

在射电天文领域，高温超导滤波器可以减少通信频率对制冷接收机的干扰。同时，采用超导量子比特的量子计算机也需要用到超导材料。未来，超导材料将在磁悬浮列车、输变电设备等领域展现巨大的发展潜力。

中微子
宇宙中的"隐身者"

中微子的发现，源自科学家对 β 射线的研究。很多人都知道，β 射线实质上是一种高速电子流。那么，β 射线是怎么产生的呢？一般情况下，β 射线是原子核发生 β 衰变时释放出来的。1897 年，英国物理学家汤姆孙观察了放电管中阴极射线在电磁场和磁场作用下的运动轨迹，从而确定了阴极射线中的粒子带负电，并测出了其荷质比，他给这些粒子取名为"电子"。从历史角度来看，β 衰变的研究始于阴极射线。

"偷"走了能量

时光流转至 20 世纪 20 年代，物理学家研究 β 射线的电子能量时，发现其呈现出一种连续分布的状态。打个比方，β 射线的电子能量就像水温一样，可以在一定范围内连续变化。当时，物理学界已经发现，氢原子发出的光子能量是不连续的，而这一发现促使了量子力学的诞生。换言之，光子能量就像人民币面额一样，只有 1 元、2 元，却没有 1.2 元。因此，如何用量子力学解释 β 射线的电子能量的连续问题，成为当时物理学界的一大难题。

为了解决这个难题，奥地利物理学家沃尔夫冈·泡利在 1930 年提出了一个假说：在 β 衰变过程中，除了电子之外，原子核还释放出一种新粒子。这种新粒子的静止质量为零，呈电中性，且与光子性质有所不同。它就像小偷一样，偷走了一部分能量。泡利认为，这种新粒子与物质的相互作用极弱，以至于当时的实验仪器都探测不到它的存在。他将这种未知的新粒子命名为"中微子"。

在泡利的模型中，中微子与电子一起从原子核内发射出来，而且中微子与电子之间的能量分配是随机的。这就好比父亲给两个儿子分一块蛋糕的情景：大儿子如果分得了蛋糕的 1/4，那么小儿子就会得到剩余的 3/4；大儿子如果分得了蛋糕的 1/3，那么小儿子就会得到剩余的 2/3。正是这种能量分配的随机性，使得 β 衰变过程中的电子能量连续分布。经过数十年的探索和实验，其他物理学家最终证实了中微子的存在，证明了泡利的预见是正确的。

半路上"失踪"

20 世纪 70 年代，美国物理学家、1979 年诺贝尔物理学奖得主谢尔登·格拉肖等人提出了"大统一理论"。这个理论大胆预言了质子会衰变，即质子并非永恒不变的基本粒子。日本物理学家小柴昌俊受到启发，决定通过探测质子衰变产物来验证格拉肖的理论。小柴昌俊领导建造了神冈探测器，这个探测器位于地下 1000 米深的废弃矿井中，采用 3000 吨纯净水和 1000 个光电倍增管作为探测介质。为什么要用纯净水呢？因为如果有粒子打到水中，粒子与水分子相互作用会产生微弱的光，而这些光可以被光电倍增管探测到。水量越多，产生的光信号就越强，也就越容易被探测到。尽管神冈探测器没有探测到质子衰变的迹象，但意外发现了一个新的物理现象。

1988 年，小柴昌俊的学生梶田隆章（当时年仅 29 岁）注意到实验数据中的大气中微子数量比预期要少，这就意味着一部分中微子可能在到达探测器前就神秘地"失踪"了。那么，什么是大气中微子？当高能宇宙射线进入地球大气层时，它们会与大气中的原子核发生碰撞并产生大量的中微子，包括电子中微子、缪子（μ 子）中微子及它们的反粒子。

为什么大气中微子会半路"失踪"？这会不会是实验误差所致？由于当时技术有限，神冈探测器的实验结果也相对粗糙。1991—1996 年，神冈探测器经过改造、扩建，内部的纯净水量

超级神冈探测器

增至 5 万吨，光电倍增管数量增到 1.3 万个。升级后的探测器更名为"超级神冈探测器"。得益于这些技术改进，梶田隆章获得了更精确的实验数据，他用确凿的证据证实了大气中微子的失踪现象。

"16 万光年之外的礼物"

1987 年，大麦哲伦云（星系）中的一颗恒星在它生命周期的尽头，经历了一次壮观的超新星爆发事件，这就是后来被广泛认知的 SN 1987A。小柴昌俊教授因在这一领域的杰出贡献而荣获了诺贝尔物理学奖，由于这次超新星爆发发生在距离地球约 16 万光年之外的遥远星系，小柴昌俊称其为"16 万光年之外的礼物"。

当时，神冈探测器捕捉到了这次超新星爆炸释放的"碎片"——11颗中微子。这是人类历史上第一次探测到超新星爆发的中微子。在这一成果的鼓舞下，日本政府对神冈探测器给予了大力支持，使得小柴昌俊得以在1991年领导扩建神冈探测器，为天体物理学的未来发展奠定了坚实的基础。

从发现大气中微子失踪到搞清楚中微子"失踪"之谜，梶田隆章大约投入了10年的研究时间。他通过实验发现，大气中微子的失踪比例与其飞行距离存在相关性。这种相关性遵循正弦函数或余弦函数的周期性变化，所以中微子"失踪"就被称为"中微子振荡"。

卓越的穿透能力

在粒子物理的标准模型中，中微子有3种类型（术语为"味"）：电子中微子、缪子（μ子）中微子和陶子（τ子）中微子。超级神冈探测器研究的是大气中的μ子中微子，实验结果表明：μ子中微子在穿透地球的过程中能转变为电子中微子。后来，其他实验对核反应堆、粒子加速器及太阳产生的中微子进行了探测，同样证实了中微子振荡的存在。换句话说，无论中微子发射出来时属于哪一种味，其在飞行过程中都会转变成其他味。不同味的中微子之间相互转换，就表明每一种味的中微子是不同质量本征态的叠加。根据量子力学叠加态的原理，不同质量的粒子具有不同的振荡频率。因此，中微子振荡证明了中微子具有质量。

中微子具有质量是粒子物理学标准模型之外的新发现，而中微子振荡现象已成为物理学研究的热点。精确测量三种中微子的质量是当前国际科学竞争的一个重要方向。

中微子的卓越穿透能力，为通信技术开辟了新天地。传统电磁波通信在面对自然障碍（如高山、海洋的阻拦）时，往往无能为力，而中微子通信能保持畅通无阻。这一特性让我们设想，即使是在飞机失事坠海的极端情况下，根据机载中微子发射器的信号，我们也有可能定位并搜救飞机。这就是中微子通信的魅力，未来这一技术会更加成熟。

2012 年，我国科学家王贻芳和陆锦标共同领导的大亚湾中微子实验合作组，首次发现中微子的第三种振荡模式，为测量中微子质量顺序打开了大门。目前，我国广东江门正在建设江门中微子实验装置。美国、印度、韩国、法国、日本等也都积极参与中微子研究，共同推动着这一科学领域的进步。

W 粒子质量的探索之路

2022 年 4 月 8 日，美国芝加哥费米实验室的研究人员发布了 W 粒子（W 玻色子）质量测量的精确结果。这一研究成果的相关论文发表在 4 月 8 日出版的著名学术期刊《科学》杂志上。

那么，什么是 W 粒子呢？在这里，W 是英文 weak（表示物理学中的弱相互作用）的首字母。物理学家把那些不可再分的粒子称为基本粒子，比如电子。W 粒子也是一种基本粒子。但质子不是基本粒子，因为质子是由更小的夸克组成的。

在物理学中，科学家通过多年研究，建立了所谓的粒子物理标准模型理论。这个理论描述了组成所有物质的 61 种基本粒子（包括正反粒子），同时描述了它们之间的 3 种基本相互作用——电磁力、弱力和强力。根据粒子物理标准模型，我们可以知道，相互作用力是通过基本粒子来传递的。这就好比冰面上两个人在相互传球，随着球的移动，两个人似乎被一种无形的力量推开，彼此远离。在物理学中，这个"球"就是传递力的媒介——基本粒子。比如：带电粒子之间的库伦力是通过虚光子来传递的，而引起β衰变的弱力则是由 W 粒子、Z 粒子（Z 玻色子）来传递的。

W 粒子的质量是多少？这是科学家非常关心的问题。1983年，利用欧洲核子中心（CERN）的超级质子同步加速器，科学家找到了 W 粒子，并测出其质量大约为质子质量的 80 倍。后续不少类似的实验测出的 W 粒子质量大体一致，但都存在较大的实验误差。

最近，物理学家利用美国费米实验室的正负质子对撞机，测定了 W 粒子的精确质量。由于这次实验的误差非常小，所以结论看起来是非常可信的。但是，实验结果显示 W 粒子的质量比粒子物理标准模型的理论值要大一些。这是一个矛盾。

那么，费米实验室的这一相关实验是怎么进行的？利用正负质子对撞机，物理学家把质子和反质子加速到接近光速，然后使它们发生碰撞，产生大量的 W 粒子。通过对 W 粒子衰变后产生的其他带电粒子的信号进行分析，物理学家反推出 W 粒子的质量。经过长达 10 年的不懈努力，他们首次将 W 粒子的质量测量精度提高到前所未有的高度。

但正如前面说的，物理学家发现了其中的一些问题——本次实验的测量结果与理论值存在较大的差异。这就表明：如果这次实验是准确的，那么以前建立的粒子物理标准模型理论就需要做一定的修改；而在粒子物理标准模型中，W粒子的质量是通过希格斯场计算得出的，所以物理学家对希格斯场的理解可能还不充分。

总之，如果费米实验室的这一实验结果被证实无误，那就意味着粒子物理标准模型理论并不完备，需要引进新物理修正。但是，这种新物理的修正往往有很多的可能性，具体到底应该怎么修改，那就需要理论物理学家深入研究了。无论如何，我们期待未来有更多的突破和新进展。

———————————— **知识卡片** ————————————

▶ 科学家之所以探索W粒子的质量，原因有几个方面：

▶ 首先，W粒子是粒子物理标准模型中预测的粒子之一，其质量是标准模型的一个重要参数。精确测量W粒子的质量可以帮助科学家验证粒子物理标准模型。

▶ 其次，W粒子是弱相互作用的媒介粒子，这种弱力负责某些类型的放射性衰变过程，如β衰变。了解W粒子的质量有助于深入理解弱相互作用的性质。

▶ 再次，W粒子的质量与希格斯场有关，希格斯场是赋予粒子质量的场。通过测量W粒子的质量，科学家可以探索希格斯机制的细节。

▷ 最后，测量 W 粒子质量的实验需要高度复杂的技术和设备，如粒子加速器和探测器。这些测量展示了人类在粒子物理实验技术上的进步。而且，粒子物理学研究往往涉及国际合作，W 粒子质量的测量结果可以展示不同实验室和研究团队的科研能力。

▷ 因此，W 粒子质量的精确测量不仅对基础科学研究至关重要，也可能对技术发展、国际间科学合作产生深远影响。

超引力与时空维度

2019 年，一项备受瞩目的荣誉——基础物理学特别突破奖，授予了三位杰出的科学家，以表彰他们"将量子变量引入对时空几何的描述中"。这三位科学家分别是：欧洲核子研究组织的塞尔吉奥·费拉拉、美国麻省理工学院和斯坦福大学的丹尼尔·弗里德曼，以及美国纽约州立大学石溪分校的皮特·范·纽文慧增。

超引力是一个高度抽象的物理概念，它源自对超对称性原理的深入探索和应用。为了更好地理解超引力，我们需要首先对对称性和超对称性有一个清晰的认识。

对称性和超对称性

对称性在数学中是一个基础概念，它描述了在某种变换下，一个对象或结构保持不变的性质。例如，考虑一个正方形放置在二维平面上，当我们围绕其中心点将其旋转 90 度后，正方形的形态和结构仍然保持不变。这种旋转操作是正方形对称性的一个具体表现。正方形的对称群由所有这类保持其结构不变的旋转操作组成。

超对称性是对称性概念在物理学领域的一个扩展，它涉及不同物理场之间的对称关系。在超对称性的框架下，我们可以将不同的物理场视为具有不同特性的几何形状，例如"正方形"和"圆"。通过超对称变换，我们可以在这些不同的场之间建立联系，使得一个场可以转换为另一个场，同时保持整个物理系统的基本性质不变。简单来说，超对称变换就是把费米子场变成玻色子场。费米子具有半整数的自旋量子数，而玻色子具有整数自旋量子数。

超引力则是将超对称性原理应用于引力场的理论。在这个理论中，引力不再是传统意义上的唯一相互作用力，而是与其他基本力（如电磁力）通过超对称变换相互联系。这种统一的视角为理解宇宙的基本力提供了一种全新的方法，也为寻求统一物理理论的科学家开辟了新的可能性。简而言之，超引力是一种尝试将自然界的基本力统一起来的理论。

1973 年，一群富有远见的物理学家将超对称性的概念引入了四维时空的量子场论领域。他们的研究揭示了一个引人入胜的可能性：超对称性可以在玻色子与费米子之间建立一种转换关系。玻色子是力的传递者，而费米子是构成物质世界的基本粒子——在超对称性的框架下，两者被赋予了同等重要的地位。

得益于这一理论的突破，科学家构建出超引力理论。在这一理论中，引力被理解为由平坦时空中的自旋为 2 的粒子所传递，这类粒子被称为引力子，属于玻色子的一种。超对称性提供了一种转换，使得自旋为 2 的引力子能变换为自旋为 3/2 的费米子，这种费米子被称为引力子的超对称伙伴，即引力微子。

我们用一个简单的比喻来解释这个复杂的科学概念。

想象一下，宇宙是一个巨大的游乐场，而引力就像是游乐场里的滑梯。所有的小朋友（星球和星系）都受到滑梯的吸引，滑下来，互相靠近。在科学家构建的超引力理论中，他们认为这个滑梯是由一种叫作引力子的隐形小精灵构成的。这些小精灵非常特别，它们可以旋转得非常快，就像滑梯的螺旋形一样。

超对称性就像是一个魔法，可以让这些小精灵变身。当引力子小精灵使用这个魔法时，它们可以变成另一种更强大的小精灵——引力微子。这些引力微子就像是滑梯的守护者，它们有着更大的力量，可以更好地控制滑梯，让所有的小朋友安全地玩耍。

所以，超引力理论就像是科学家在游乐场里发现了一种新魔法，这种魔法可以帮我们更好地理解引力是如何工作的，以及宇宙中的这些隐形小精灵是如何帮助我们保持平衡和秩序的。

在一个完美无缺的超对称宇宙中，引力微子与引力子一样，都是无质量的粒子。然而，现实情况是，尽管科学家不断探索，我们至今仍未观测到引力微子的存在。这一谜题不仅激发了物理学界的广泛兴趣，也为未来的研究指明了方向，那就是深入挖掘超对称性的本质，以及它在我们理解宇宙中所扮演的角色。

超引力理论的启示

作为一种深奥的引力描述，超引力理论对宇宙学的发展提供了重要的理论基础和启示。

首先，超引力理论强调了宇宙学常数的重要性。在爱因斯坦的广义相对论中，为了得到一个静态宇宙，引入了宇宙学常数。然而，现代天文学的观测表明，宇宙实际上是在加速膨胀的，这意味着宇宙学常数应该是正值。超引力理论在严格的超对称条件下，要求宇宙学常数为零，这与观测结果不符，暗示了超对称在宇宙尺度上可能发生了破缺。这一发现对于理解宇宙的加速膨胀现象具有重要的启示作用，推动了宇宙学和粒子物理学的交叉研究。

其次，超引力理论对时空的维度提出了限制。在不超过十一维的时空中，超引力理论是自洽的。但在超过十一维的情况下，超对称会导致自旋大于 2 的无质量粒子出现，这将对四维时空的平直性造成破坏。因此，如果超引力理论是正确的，那么我们的宇宙应当具有一个十一维或以下的时空结构。

此外，超引力理论在物理学史上具有里程碑意义的贡献。例如，美国物理学家爱德华·威滕在 1981 年利用超引力理论证明了广义相对论的正质量猜想，这是广义相对论研究中的一个重要突破。超引力理论的提出者因其在理论物理学领域的杰出贡献而获得了 2019 年基础物理学特别突破奖，这进一步证明了即使没有直接的实验验证，超引力理论的理论价值和对物理学发展的推动作用也是不可忽视的。

超引力理论对宇宙学和物理学的发展产生了深远的影响。通过揭示宇宙学常数的秘密、对时空维度的限制以及在理论物理学中的应用，超引力理论不仅丰富了我们对宇宙的认知，还激发了我们对未知领域的好奇和探索。

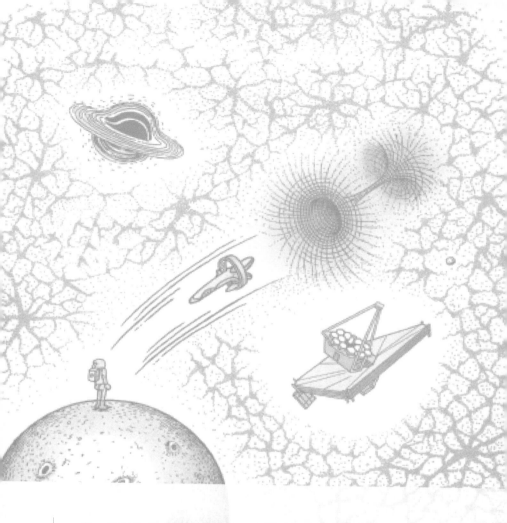

第四章

中国航天征程剪影：
从月球探索到火星探测

中国的火星探测之旅
"天问一号"开启新征程

　　探索宇宙的奥秘一直是人类永恒的追求。2020 年 4 月 24 日，中国国家航天局宣布，我国首次火星探测任务被命名为"天问一号"。"天问"一词源于战国时期楚国政治家屈原的长诗《天问》，这一名称不仅体现了中华民族几千年的文化传承，更是我们对宇宙奥秘的探索和追问。

　　"天问一号"探测器由火星轨道环绕卫星和火星车软着陆探测器两部分组成。它们携手完成对火星的环绕和着陆任务，开展全球性和综合性探测，并对火星表面重点地区进行勘查。这是中国航天史上的一次重大跨越，标志着我们向深空探测迈出了坚实的一步。

"天问一号"探测器

为何探索火星

那么，为什么要探索火星呢？首先，火星与地球有着相似的自转周期（火星自转周期为 24 小时 37 分钟），火星上的一天几乎就是地球上的一天，所以，人类将来登陆火星不需要"倒时差"。其次，与距离地球最近的金星相比，火星的环境更友好。金星的大气温度高达几百摄氏度，且金星上厚厚的大气层对人类来说是"有毒"的，不适合人类居住，而火星表面的大气层相对稀薄，为探测器提供了理想的观测条件。

19 世纪时，天文学家通过口径一米多的天文望远镜，观察到火星表面存在一些沟渠，引发了关于火星文明的无限遐想。这些沟渠是不是火星文明时代留下的人工运河的遗迹？这是否意味着火星上曾经存在过液态水？如果答案是肯定的，那么火星上就可能存在生命。于是，探索火星的另一个目的是去看看火星上到底有没有液态水。

迎难而上

我国首次火星探测任务面临巨大的技术挑战。相比月球（月球距离地球约 38 万千米），地球到火星的距离更遥远。地球和火星之间的最远距离是 4 亿多千米，最近距离是 5 000 多万千米。如此遥远的距离对飞行器的测控通信来说是巨大的考验。火星探测器需要经过约 7 个月的飞行时间才能抵达火星，这一过程中，地面对其测控是比较困难的。火星探测器接近火星后，要在短短 7 分钟的时间里降落在火星表面，这一过程面临着巨大的风险。我国的火星探测器有一张普通办公桌那么大，如果火星探测器的降落伞打不开或姿态调整不好，其在下落过程中就可能失速，最终砸在火星表面并受损。

到目前为止，人类探测火星的成功率还不到 50%，火星探测难度之大可想而知。2011 年 11 月，中国火星探测器"萤火一号"就曾搭乘俄罗斯运载火箭发射升空，但由于火箭变轨发生意外，未能实现探测。因此，我国首次火星探测任务将是一次创新之旅，面临的风险和挑战也是前所未有的。

虽然困难重重，但是我国航天人没有退缩。"天问一号"于 2021 年 2 月 10 日成功实施火星捕获，进入环火轨道。2021 年 5 月 15 日，"天问一号"成功着陆于火星乌托邦平原南部预选着陆区，使中国成为世界上第二个成功着陆火星的国家。

　　"天问一号"的成功发射和着陆，迈出了中国星际探测征程的重要一步，实现了从地月系到行星际的跨越，在火星上首次留下中国的印迹，是我国航天史上又一具有里程碑意义的进展。目前，"天问一号"正在火星表面开展巡视探测任务，为人类探索宇宙奥秘、促进人类和平与发展做出更大的贡献。

月球探索的物理视角
"嫦娥五号"背后的科学

    1978 年，美国赠送给中国 1 克月球土壤以作"国礼"。这份月球土壤被我们珍重地一分为二：0.5 克用于科学研究，通过质谱仪等科学仪器检测月球土壤中的元素组成和含量；其余的 0.5 克则被收藏于北京天文馆。时光流转至 2020 年 12 月，我国的"嫦娥五号"月球探测器（以下简称"嫦娥五号"）成功登上月球，在从月球表面采集了 1 731 克土壤样品后重返地球。

研究月壤的意义

    那么，我们为什么要研究月球的土壤与岩石呢？因为这可以帮我们推断月球的起源。目前，关于月球的形成，科学界主

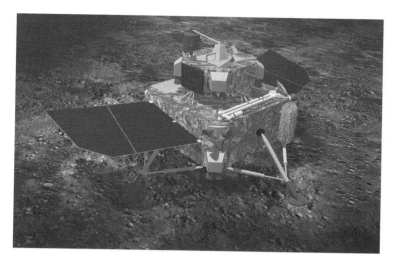

"嫦娥五号"月球探测器

要有两种假说：一种是"分裂说"，认为月球是地球在一次巨大的撞击事件中被分裂出去的一部分——月球的形成与地球有关；另一种是"俘获说"，认为月球是地球引力场"俘获"的外来天体——月球的形成与地球无关。这两种观点各有依据，但至今仍未有定论。通过对月球土壤的深入研究，我们或许能找到支持或反驳这些假说的证据，从而更接近月球起源的真相。

此外，月球土壤的研究还具有实际的应用价值。月球土壤中含有的氦-3，是一种理想的核聚变原料。核能作为一种清洁、高效的能源，被认为是解决地球能源危机的希望。月球上的氦-3储量丰富，如果我们能准确测定月球中氦-3的含量，并找到富含氦-3的区域，那么未来也许就可以在月球上建立核聚变基地，将为地球提供核动力能源。

那么，月球上的氦-3是怎么产生的呢？据研究，月球上的氦-3主要来自太阳风，即太阳释放的高速带电粒子流。这些粒子流携带着丰富的氦-3，由于氦-3的原子核具有磁性，这使得它们在穿越地球磁场时容易受到干扰而发生偏转。换言之，地球磁场和大气层的共同作用犹如一道屏障，阻挡了氦-3的沉积，使得地球上的氦-3含量相对较少。而月球几乎没有磁场，也不受大气层的保护，所以大量氦-3就在月球上沉淀下来。

飞向月球的轨道

"嫦娥五号"飞向月球的轨道是一条什么样的曲线？从物理学角度来说，"嫦娥五号"奔赴月球的曲线是椭圆的一部分。这符合开普勒第一定律：在三维空间中，行星或卫星的运动轨迹是一个椭圆。我们从经典力学与广义相对论的角度分别来聊聊这个椭圆。

为什么卫星绕地球公转一圈的轨道必须是首尾相接的？因为从经典力学上来说，虽然空间中有无限多个点，但能使轨道封闭的点只有一个，即首尾相接的地方只有一个点。其实，这背后有一种高度的对称性。经典力学中的诺特定理告诉我们：宇宙中的每一个对称性都对应着一个守恒量，它们相互依存，共同维系着物理世界的平衡。例如，空间的均匀性（一个对称性）确保了动量守恒（一个守恒量），这是我们所熟知的自然法则。而封闭的椭圆轨道的对称性对应的守恒量是大家比较陌生的拉普拉斯-龙格-楞次矢量。

用经典力学可以解释开普勒第一定律中的椭圆轨道，但如果我们仔细研究，就会发现其中有一些值得推敲的地方。经典力学中的贝特朗定理认为：只有当中心势是库仑势或谐振子势时，轨道才是封闭的。这个定理否认了其他势场里存在封闭轨道的可能性，即使是对库仑势的微小偏离，也可能导致轨道不再封闭。

爱因斯坦的广义相对论问世后，它重新定义了我们对万有引力的理解。在这一理论中，引力不再简单地与距离的平方成反比，而是被赋予了更为复杂的数学形式——包含了三次项、四次项等高阶项的修正。在广义相对论的视角下，开普勒第一定律中描述的完美椭圆轨道不再一成不变。这种修正意味着，即使是最优雅的椭圆，也会在广义相对论的影响下发生微妙的变化，展现出轨道的进动现象。

对于"嫦娥五号"，我们可以通过将其视为一个质点，运用广义相对论的严格数学框架来推导其轨道的进动。这个过程不仅能帮我们更精确地预测"嫦娥五号"的轨道变化，还能够让我们更深入地理解引力如何在宇宙的广阔舞台上施展其力量。

中国空间站
探索宇宙的科学前哨

　　中国空间站是中国独立自主建设并运营的空间站，也就是我们常说的"天宫"空间站。中国空间站由多个模块组成，包括核心舱（天和核心舱）、实验舱Ⅰ（问天实验舱）和实验舱Ⅱ（梦天实验舱）。2021 年 4 月，中国成功发射了中国空间站的核心舱，即天和核心舱。两个月后，中国航天员聂海胜、刘伯明、汤洪波乘坐神舟十二号载人航天飞船，顺利抵达空间站并开展工作。

　　中国空间站为何选择在距离地面 400 千米的高度运行？因为这个高度恰好位于范艾伦辐射带的保护范围内，地球磁场在这里发挥着屏障作用，大大减少了宇宙射线对空间站的辐射。

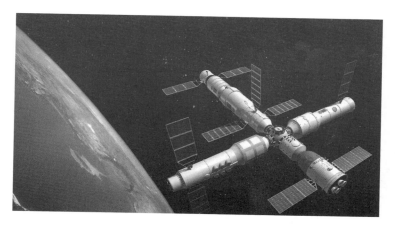

中国空间站

尽管在距离地球 400 千米的太空中，大气已非常稀薄，但还是存在着少量的空气分子。这些空气分子与空间站之间发生微小摩擦，日久天长，就会不断地降低空间站的轨道高度。因此，中国空间站配备了 4 台大推力的霍尔电推进发动机，通过定期加速来维持其稳定在 400 千米的轨道高度。

五大工程目标

中国空间站是我国第一个空间站，其五大工程目标是非常清晰的。第一个目标是建造与运营近地空间站：我们旨在突破并掌握大型复杂航天器的在轨组装与建造技术，实现航天器的长期安全可靠飞行，以及高效的运营管理和维护。通过这些努力，我们期望提升国家航天技术水平，促进相关领域和行业的科技进步，从而增强国家的综合国力。

第二个目标是实现长期载人航天飞行技术：我们的目标是突破并掌握近地空间长期载人航天飞行的关键技术，解决长期在轨飞行中的主要医学问题，实现航天员长期在轨的健康生活和有效工作。

第三个目标是建立国家太空实验室：我们将建立具有国际先进水平的国家太空实验室，发展空间科学与应用能力。实验室将开展多领域空间科学实验和技术试验，推动空间应用和科普教育，以获得具有重大科学价值和战略意义的研究成果。

第四个目标是推动国际（区域）合作：我们致力于与全球伙伴共同探索和平开发、利用空间资源的途径，为人类社会的进步做出积极贡献。

第五个目标是试验和验证关键技术：我们将以在轨服务、地月和深空载人探测需求为指导，试验和验证相关关键技术，为载人航天的持续发展积累宝贵的经验，确保我们的航天事业不断向前发展。

面向全球的平台

随着"问天"和"梦天"两个实验舱的加入，中国空间站目前拥有 20 多个密封加压的实验柜，这些实验柜为各种科学实验提供了必要的环境和条件。此外，该空间站还有 67 个舱外实验载荷接口，允许开展更广泛的空间环境实验。为了高效地管理和分析这些实验的大量数据，中国空间站配备了一个功能强大的中央计算机系统。这一系统还能将研究成果迅速且安全地传回地球，供全球科研人员共享和进一步研究。

中国空间站的建成，已经吸引了世界各地科学团队的广泛关注。中国载人航天工程办公室已经对提交的科学实验申请进行了初步审查，并批准了1000多项科学实验项目，部分实验已经启动。

据了解，中国未来将发射巡天空间望远镜，与中国空间站共轨飞行。这是一款2米口径光学望远镜，可媲美美国的哈勃望远镜，且视野更大，能更好地探测宇宙深处的奥秘。巡天望远镜将定期与"天宫"对接，然后由航天员添加推进剂和维修。中国空间站还将用于研究微重力和空间辐射如何影响细菌生长和流体混合等现象。

中国空间站为全球科学家提供了一个宝贵的平台，使其能够开展太空科学实验。一些国际科研团队计划将健康和癌变的肠道组织的3D培养物（即类器官）送上"天宫"，探索极低重力环境对癌细胞生长的影响。这一实验可能为癌症治疗带来全新的微重力疗法。另一些科学家希望利用中国空间站研究太空中的紫外线辐射和地球的红外线数据，以深入理解地球上强烈风暴的产生机制。

这些科学实验将极大地提高中国空间站在国际科学界的影响力。目前在太空中运行的国际空间站预计在未来几年内退役，中国的"天宫"可能成为未来唯一运行的空间站。届时，预计将有更多的科学实验在中国空间站内进行。中国空间站的这一开放策略，不仅促进了国际科学合作，也为人类探索宇宙奥秘提供了新的机遇。

太空授课中的"舞蹈"
角动量守恒定律的奇妙展现

  2021 年 12 月，中国航天员翟志刚、王亚平、叶光富在中国空间站开了一堂生动的太空实验课。在这次太空授课中，叶光富配合王亚平表演"空中转体"。只见叶光富双脚悬空，尝试转身时却转不过来：当他的上半身向左转时，下半身就会不自主地向右转；当上半身向右转时，下半身会不自主地向左转。为什么会这样呢？

  这一现象背后的科学原理，正是物理学中的角动量守恒定律。角动量是一个矢量，用来描述物体旋转状态。对一个质点来说，角动量等于位移与动量的乘积。然而，对一个物体（由多个质点组成的）来说，角动量的计算方式则稍有不同。

　　以人体为例，角动量等于转动惯量（与人体质量分布和旋转轴位置有关）与角速度的乘积。而转动惯量与身体姿势有关：当一个人张开手臂时，由于质量分布更远离旋转轴，转动惯量较大；而当收拢双臂时，转动惯量减小。

　　根据角动量守恒定律，在没有外力矩作用的情况下，一个物体的角动量保持不变。因此，当叶光富在太空中尝试转身时，由于他的身体作为一个整体，其角动量保持恒定。当他张开双臂时，转动惯量增大，导致角速度减小，使他转得更慢；而当他收拢双臂时，转动惯量减小，角速度相应增大，转身速度也就加快了。

　　这一原理不仅适用于太空中的航天员，我们在花样滑冰运动员身上也经常看到类似的现象。当运动员在冰面上旋转时，他们通过调整手臂的位置来改变转动惯量，从而控制旋转速度，创造出优美流畅的旋转动作。

　　在太空授课中，叶光富一开始处于静止状态，相对于空间站的速度为零，因此他的动量和角动量也均为零。当叶光富的上半身开始转动时，根据右手螺旋法则（向左转时，角动量是沿着右手大拇指的指向，而其他四个指头是沿着转动方向），他获得了一个与转动方向一致的角动量。为了保持角动量守恒，他的下半身必须朝相反方向转动，产生一个大小相等但方向相反的角动量，两者相互抵消，总和依然为零。这就是角动量守恒，也就是不随时间改变。

对旋转物体而言，其角动量会在空间中指向一个特定的方向，这个方向在没有外力作用下是稳定的。王亚平在太空授课时展示的旋转陀螺就是一个很好的例子，它在太空中持续旋转而没有发生翻转，这正是角动量守恒定律的直观体现。

要改变一个物体的角动量，就需要施加力矩。力矩是导致物体转动的物理量，只有当物体受到力矩作用时，其角动量才会发生变化。在太空中，由于微重力环境，物体间的相互作用力较小，角动量守恒的现象更为明显。

通过这次太空授课，我们不仅学习了角动量守恒的物理原理，还理解了它在宇宙中的普适性和重要性。这种对自然规律的深刻认识，不仅丰富了我们的知识，也启发了我们对宇宙更深层次的探索和思考。

─────────────── **知识卡片** ───────────────

▶ 地面上的陀螺最终会停下，是由于受到力矩的作用。这主要分为以下几个因素。

▶ 首先是因为存在摩擦力和空气阻力：当陀螺在地面上旋转时，它会受到地面的摩擦力和周围空气的阻力。这些力作用在陀螺上，会产生一个力矩，这个力矩会减慢陀螺的旋转速度。随着陀螺的旋转速度减慢，它的能量会以热能的形式耗散到环境中，因为摩擦力和空气阻力在作用过程中会将机械能转化为热能。

▶ 其次，在没有外力作用的情况下，总角动量等于陀螺的角动量，它是守恒的。但是，当外力（如摩擦力和空气阻力）作用时，总角动量等于陀螺的角动量加上空气的角动量，陀螺的角动量不再守恒，陀螺的旋转速度会逐渐减小。随着旋转速度的减小，陀螺的稳定性会降低。最终，当旋转速度减小到一定程度时，陀螺将不再能保持直立，而是会倒下。

▶ 简而言之，陀螺之所以会自己停下，是因为受到了摩擦力和空气阻力等外力的作用，这些力产生了力矩，导致陀螺的角动量减小，最终使陀螺的旋转速度减慢并最终停止。这个过程是能量从机械能向热能转换的过程，也是角动量守恒原理在实际物理现象中的体现。

太空之约
问天实验舱与天和核心舱对接

2022 年 7 月 24 日，中国空间站迎来了首个实验舱段——问天实验舱发射升空，随后在太空中与天和核心舱完成交会对接。这意味着中国空间站在组装建造方面取得巨大进展。中国空间站由三个核心舱段组成：天和核心舱、问天实验舱和梦天实验舱。在问天实验舱发射之前，天和核心舱已经成功发射并稳定运行。而梦天实验舱于 2022 年 10 月也加入这一太空家族，共同构建起中国在太空的科研平台。

那么，问天实验舱是如何与天和核心舱对接的呢？首先，我们来了解一下天和核心舱的运行情况。它位于距地面约 400 千米的轨道上，以 7.8 千米/秒的速度沿着圆形轨道绕地球飞行，每1.5小时就能完成一次环绕地球的运行。在问天实验舱与天和核心舱的对接过程中，它并没有选择直线轨道——这一看似直接却效率较低的方式。由于地球引力的巨大影响，如果问天实验舱沿着直线发射至天和核心舱旁，将消耗巨额的火箭燃料。即使燃料充足，由此造成的火箭体积也将过于庞大，无法适应海南文昌卫星发射中心的发射条件。

航天科学家经过计算与模拟，找到了一种更理想的解决方案：先将问天实验舱发射到一个较低的轨道，然后利用霍曼转移轨道实现其与天和核心舱的对接。霍曼转移轨道是一种连接不同高度的两个圆形轨道的椭圆轨道。它以最小的能量消耗，实现了两个轨道之间的平滑过渡。

1925年，德国工程师沃尔特·霍曼基于万有引力定律，通过精密计算，找到了在两个具有相同倾角、不同高度的圆形轨道之间转移时，能量消耗最小的路径，即"霍曼转移轨道"。如今，霍曼转移轨道已成为航天工程中广泛应用的一种轨道机动方法。

霍曼转移轨道的关键在于：航天器沿着这个椭圆轨道运动时，利用地球的万有引力作为向心力，不需要额外消耗能量，就能从低轨道转移到高轨道。

在霍曼转移过程中，航天器需要经历两次关键的加速阶段。第一次加速是为了使航天器脱离其原始的低圆轨道，进入一个椭圆形的转移轨道。这个椭圆形轨道的近地点接近低轨道，而远地点则接近目标高轨道。第二次加速发生在椭圆轨道的远地点，目的是增加航天器的速度以进入并维持在高轨道上的圆形轨道运动。由于在远地点时，航天器的速率比该高度的圆形轨道速率小很多，如果不进行第二次加速，它将无法维持在高轨道上。

尽管霍曼转移轨道减少了航天器的能量消耗，但延长了航天器的在轨时间。对于那些对发射时间有严格要求的航天任务来说，霍曼转移轨道可能不是最佳选择。因此，在设计任务时，航天科学家需要根据具体目标，权衡能量消耗与时间成本，选择合适的策略。

此外，需要注意的是航天器的轨道倾角，即航天器的轨道平面与地球赤道平面的夹角。比如：地球同步静止卫星的轨道倾角为 0 度，而极轨卫星的轨道倾角为 90 度。中国空间站（包括天和核心舱）当前的轨道倾角约为 41.5 度。

首先，问天实验舱在地面测控系统的远程导引下，经过一系列变轨操作，逐渐提升其轨道高度，并调整轨道倾角和其他参数，以确保与天和核心舱的轨道平面完全一致。

接着，问天实验舱要通过霍曼转移轨道，向天和核心舱进发。接近目标轨道后，问天实验舱开始进行近程导引，利用其搭载的微波和激光传感器，实时监测与天和核心舱的相对运动参数，并自动导航至天和核心舱附近的预定瞄准点。

准备对接时，问天实验舱关闭推进器，以 0.15～0.18 米/秒的停靠速度与天和核心舱接触。这一过程中，空间对接机构发挥了关键作用，确保了两者能顺利连接。为了缓冲对接时产生的冲击，对接装置上安装了类似弹簧的阻尼系统。

整个对接过程大约耗时 6.5 小时，最终问天实验舱与天和核心舱成功实现了精确对接，展现了中国航天技术的高水平和精确控制能力。

月球背面之旅
"嫦娥六号"的探索与发现

    月球是地球的唯一的天然卫星，自古以来就引起人类无尽的遐想。唐朝著名诗人李白在《古朗月行》中，以"小时不识月，呼作白玉盘"的诗句形象地描绘了月亮的皎洁。不过，古人或许未曾想象，现代科技竟然可以把飞行器送至月球上，探索其奥秘。然而，即使在科技发达的今天，我们在地球上也依然无法看到月球的背面。

    由于月球的公转角速度与自转角速度是一样的，当月球绕地球旋转一圈时，它也完成了一次自转。所以，在地球上看来，月球始终以一个固定的面朝向地球。这种现象被称为"潮汐锁定"，是月球与地球之间引力相互作用的结果。从这个意义上来说，月球存在一个暗面，即月球背面。

令人神往的月球背面

月球的背面与正面相比，呈现出截然不同的地貌和地质特征。星罗棋布的陨石坑和连绵起伏的山脉构成了月球背面独特的地貌景观，且月球背面的地质年代更为久远。正因为这些独一无二的地貌和地质特征，月球背面为我们揭开月球乃至整个太阳系的神秘面纱提供了宝贵的线索，使得月球背面成为科学家探索和研究的热点之一。

月球背面为科学家未来进行射电天文观测提供了得天独厚的条件。由于月球背面避开了来自地球的电离层和磁场等无线电的干扰，成为一个"纯净"的观测环境。这有助于我们发现新的天文现象和规律等。

月球背面还蕴藏着丰富的矿产资源，尤其是氦-3等稀有元素在月球背面相对丰富。氦-3是一种理想的核聚变燃料，其聚变反应产生的能量巨大且无污染，是未来可持续能源的重要候选之一。通过开采和利用月球背面的矿产资源，不仅能满足人类对能源的需求，还能推动科技进步和经济发展。

尽管人类已经多次向月球发射探测器，但月球的背面仍然是一个相对神秘的领域。在这种背景下，我国"嫦娥六号"探测器（以下简称"嫦娥六号"）勇担重任，踏上了对月球背面的探测之旅。"嫦娥六号"作为中国探月工程的重要组成部分，其主要任务包括月球表面采样返回、月球资源的探测与分析等。这一系列行动旨在拓展人类对月球的认知。

"嫦娥六号"在月球背面

勇担重任的"嫦娥六号"

2024 年 5 月 3 日，长征五号遥八运载火箭成功把"嫦娥六号"送入了预定轨道，随后它奔赴月球，不仅从月球背面采集月壤，还安全返回地球，历时 53 天。"嫦娥六号"不仅继承了嫦娥家族系列探测器的先进技术，还在此基础上进行技术创新与升级，以期在月球探测领域取得新的突破。其中，"嫦娥六号"实现了月球逆行轨道设计与控制，这一技术突破在整个探测过程中起到了关键作用，确保了探测器能按照预定的轨迹和时间表准确运行。

逆行轨道，顾名思义，是与天体自转方向相反的轨道。以

"嫦娥六号"与"嫦娥五号"的飞行轨迹为例,我们可以清晰地理解这一概念。"嫦娥五号"在离开地球后,沿着地球自转的方向奔向月球,随后沿着月球自转的方向进行环绕飞行。

然而,"嫦娥六号"采取的逆行轨道与之不同。在离开地球的初期,"嫦娥六号"的轨迹与"嫦娥五号"相似,但随后,它选择了与月球自转方向相反的路径,这意味着它必须飞到月球的前方等待月球,并最终实现降落。这种"一追一等"的轨迹差异,正是顺行轨道与逆行轨道之间最直观的区别。

在"嫦娥六号"任务中,科研团队运用了鹊桥二号中继星,这颗卫星被精准地定位在地月拉格朗日 L2 点上,其独特的位置使其能同时观测地球和月球的背面,为月球背面与地球之间的稳定通信搭建了一座坚实的桥梁。

"嫦娥六号"不仅彰显了我国在航天科技领域的卓越实力与创新精神,更通过与国际合作伙伴如法国、意大利、巴基斯坦等紧密合作,搭载了多个科学载荷,体现了我国在国际航天合作中的开放性和包容性。

尤为值得一提的是,"嫦娥六号"成功实现了世界首次月球背面自动采样返回,带回了1935.3克的月球样品。这些样品的特性与月球正面月壤的细腻、松散状态有所不同,预示着它们可能对未来的月球地质学研究产生深远的影响。

随着科技的不断进步和人类对太空探索的不断深入,相信月球背面将为我们揭示更多有关宇宙的奥秘。

第五章

星光熠熠:
那些值得纪念的物理学家

霍金
世界欠他一个诺贝尔奖

2018 年 3 月 14 日，我们失去了一位伟大的科学家——斯蒂芬·霍金。霍金不仅以其在理论物理学领域的开创性工作闻名于世，他的著作《时间简史》也是一本深受大众喜爱的科普书。其实，世界还欠霍金一个诺贝尔奖，因为霍金至少发现了三个物理定理。

黑洞面积不减定理

霍金与合作者发现的第一个物理定理是黑洞面积不减定理，即黑洞的面积不会随着时间减少。凭借这个定理，霍金原本是可以获得诺贝尔奖的。

斯蒂芬·霍金（1942—2018）

2016 年，激光干涉引力波天文台（LIGO）在发现引力波的过程中，间接证实了霍金的黑洞面积不减定理。在这次观测实验中，两个较小的黑洞碰撞并合成了一个更大的黑洞，而大黑洞的面积被证实不小于碰撞之前的两个小黑洞的面积之和。这说明霍金的黑洞面积不减定理是经得起科学检验的。

如果有大量的有关黑洞并合的引力波数据，黑洞面积不减定理就能不断地被证实。那么凭借这一定理，霍金是有理由获得诺贝尔物理学奖的，因为引力波的发现已经被授予了诺贝尔物理学奖。可惜，霍金已经去世，而诺贝尔奖不授予已故人士，因此他未能在生前获得这一荣誉。

为什么 LIGO 第一次发现引力波的过程可以验证黑洞面积不减定理？根据 LIGO 第一次发现引力波的相关学术论文：两个初始小黑洞的质量分别为 29 太阳质量和 36 太阳质量，

两个小黑洞碰撞并合放出引力波后，变为质量为 62 太阳质量的一个大黑洞。（注：太阳质量为大型天体的质量单位，约为 2.0×10^{30} 千克。）

为了方便理解，我们可以假设这三个黑洞都是球对称黑洞，其特点为黑洞面积与球面面积大小一样，都与半径的平方成正比。那么，黑洞的半径 r 与质量 M 的关系如下：

$$r = \frac{2GM}{c^2}$$

其中 G 是牛顿引力常数，c 是光速。

从上述公式可以看出，黑洞的质量与半径成正比。由于黑洞的面积与半径的平方成正比，所以黑洞的面积与黑洞质量的平方成正比。

因此，我们得出如下重要结论：

虽然 $29 + 36 > 62$

但是 $29^2 + 36^2 < 62^2$

这就是黑洞面积不减定理。在爱因斯坦引力方程的控制下，多个黑洞的演化也满足此定理。所以，LIGO 看到的"黑洞并合放出的引力波能量，相当于 3 太阳质量的能量"的事情，并不违背霍金的黑洞面积不减定理。

奇点定理

霍金发现的第二个定理是奇点定理。奇点定理告诉我们，在不苛刻的物理条件下，时间受到引力场的作用，总可以自发产生一个"奇点"，而这个奇点有重要的物理意义——它要么表示时间开始的地方，要么表示时间结束的地方。

关于奇点定理，读者可以参考霍金的专著《时空的大尺度结构》。霍金在该书中介绍了黎曼曲率张量的物理意义——主要是介绍曲率对类时测地线与类光测地线的汇聚作用。测地线的汇聚现象在物理学中具有重要意义。比如，地球上的所有经线，它们作为测地线在南极与北极汇聚，这些汇聚点被称为"共轭点"。霍金与英国科学家罗杰·彭罗斯在研究测地线汇聚的过程中，证明了著名的奇点定理。

虽然科学家无法完全解释宇宙大爆炸的起因，但他们已经建立了一套理论框架。在这个理论体系中，宇宙始于一个奇点，而这个奇点不仅是空间的起点，也是时间的开端——大约发生在距今 138 亿年前。霍金解释了宇宙诞生于奇点。

黑洞热辐射定理

霍金发现的第三个定理是黑洞热辐射定理。一般情况下，我们认为黑洞的引力如此之强，以至于连光线都无法从黑洞中逃脱。然而，霍金在研究黑洞时引入了量子力学，并发现了一种令人惊奇的现象：黑洞会发光，也就是能发出辐射。这一现象被称为"霍金辐射"。作为联系量子力学与广义相对论的纽带，霍金辐射的物理意义在于——它告诉我们黑洞并不是一个死气沉沉的永恒的物体，也会因为辐射而体积变小。

以上就是霍金的三大学术贡献，堪称伟大。在这个意义上，世界也许欠霍金一个诺贝尔奖。当然，正如霍金本人所展现的，他对于科学的追求超越了任何奖项，他的贡献和影响力将永远被世人铭记。

知识卡片

▶ 爱因斯坦曾提出，引力的本质是时空弯曲。这种弯曲可通过微分几何中的曲率来描述。时空的曲率不仅影响着空间的几何结构，还会导致沿着相邻测地线运动的实验粒子间的距离发生改变，这种现象被称为"测地偏离效应"。测地偏离方程是用微分几何描述引力的关键。

▶ 1955 年，印度物理学家阿马尔·库马尔·雷乔杜里和苏联物理学家列夫·朗道彼此独立地提出了一个描述测地线与时空曲率关系的方程，即雷乔杜里方程。这个方程后来成为霍金和彭罗斯证明奇点定理的重要工具。

▶ 具体来说，假如有一群物质粒子在时空中仅受引力作用而运动，它们在时空中的轨迹就是测地线。根据雷乔杜里方程，当这些粒子沿着测地线运动到共轭点（由测地偏离方程可以解出这个共轭点）时，由于测地线的汇聚，粒子的数密度在该点上会趋于无限增大，从而在时空中形成一个奇点。

追忆我与霍金的交流

霍金曾经三次来访中国。

第一次是在 1985 年，他访问北京师范大学时，与该校的物理学者进行了深入的交流。刘辽先生、赵峥先生、刘兵先生（来自中国科学院）等学者在北京师范大学物理系门前与霍金留下了珍贵的合影。更令人难忘的是，霍金强烈要求参观长城，所以北京师范大学的研究生在梁灿彬老师的陪同下，将霍金抬上了长城，让他领略了这一世界文化遗产的壮美。

2002 年，霍金第二次访问中国，参加国际数学家大会。这期间，他在浙江大学做了一场科普讲座——"膜的新奇世界"。那时，我正就读于北京师范大学物理系，深受霍金教授学术魅力的吸引，我的本科毕业论文就是围绕膜宇宙理论展开的。

时光荏苒，转眼至 2006 年，霍金第三次来访中国时，我有幸在北京友谊宾馆的一个小型会客室里，面对面与霍金进行了交流。那时的我已是北京师范大学物理系的一名研究生，能与心中的学术偶像近距离交流，对我而言无疑是一次难忘的经历。

事情还要从更早时说起。我写了一本书稿《相对论通俗演义》，满怀期待地寻求出版机会，非常荣幸地获得了赵峥老师的鼎力推荐。赵峥老师联系了湖南科学技术出版社的孙桂钧编辑，这位孙老师正是霍金《时间简史》中文版的责任编辑。而且，赵峥老师与《时间简史》的翻译者之一吴忠超教授都是中国科技大学的校友，他们彼此很熟悉。

不久，孙桂钧老师来到北京，我们在鸿宾楼会面，讨论了《相对论通俗演义》出版的可能性。她告诉我，湖南科学技术出版社的《第一推动丛书》专注于引进并翻译国外科普经典，并不倾向于出版国内原创科普作品。尽管如此，我们的会面还是愉快而富有成效的。

事情暂告一段落。后来，孙桂钧老师回到湖南后，带来了一个令人兴奋的消息——霍金即将访问中国。她热情地邀请我作为中国读者的代表，与霍金教授见面并交流。于我而言，这是一个难得的荣誉，也是一次宝贵的学术交流机会。

当时，我在北京师范大学物理系跟随马永革老师读量子引力方向的研究生。我的一位名叫张宏宝的师兄，那时刚从北京大学物理系研究生毕业，经常与我一起讨论物理。于是，我邀请张宏宝一起前往北京友谊宾馆，拜访霍金。

在那次会面中，我和师兄张宏宝有幸向霍金教授提问，霍金教授则通过眼睛控制电脑显示器上的光标来打字回复。对霍金来说，现场回答问题是一件很费力的事情。时值北京炎热的夏季，汗水浸湿了他的衣衫。尽管如此，他依然耐心地回答了我们的问题。

我用英语问了一个相对简单的问题："您是否在写一本新书，叫什么名字？"之所以选择这个问题，是因为其便于霍金回答，而且此话题能引起普通读者的兴趣，同时我也希望更多人能轻松地理解霍金的科普工作。

霍金回复说，他与女儿正一起创作一本新的科普书。

随后，张宏宝向霍金提出一个关于人择原理的问题，霍金给出了独到的见解。

这次与霍金的面对面交流，虽然只有短短一小时，却给我留下了深刻的印象，至今仍深深烙印在我的记忆中。

霍金的非凡人生令人印象深刻。尽管他身患重病，日常小事如打字和说话对他来说都是巨大的挑战，但他的科学成就举世瞩目。在困难重重的环境中，霍金依然坚持科研，这无疑是他伟大人格的体现。由于这次会面，我首次上了湖南卫视的新闻节目，我也深刻体会到，无论面对怎样的逆境，坚持和毅力都能创造出非凡的成就。

　　霍金不仅在理论物理领域留下了深刻的印记，更以其独特的学术语言和深邃的思想影响了无数人。我在青春年华中沉浸于霍金的著作，从《时间简史》到《时空的大尺度结构》，我被他关于时空几何和黑洞热辐射理论的见解深深吸引。十多年来，我致力于研究霍金的相对论，出版了一些相关的科普书，更在学术语言和思想上与霍金产生了共鸣。虽然我最终未走上学术研究之路，但霍金的去世，对我而言，象征着那一段充满探索与激情的青春岁月画上了句号。

钱德拉塞卡
50 年执着，终得诺贝尔奖

1930 年，来自东方文明古国印度的一位名叫苏布拉马尼扬·钱德拉塞卡的青年，乘船来到了英国剑桥大学。当年的钱德拉塞卡只有 20 岁，意气风发，他到剑桥大学是为了跟随爱丁顿研究天体物理。

爱丁顿与钱德拉塞卡

爱丁顿是当时世界上一流的天文学家。早在 1919 年，他组织的英国格林尼治天文台考察队和剑桥大学考察队，分别在巴西与非洲的普林西比岛开展实验并发现：引力场确实能让光线偏折，且偏折角接近爱因斯坦广义相对论的预言。这个实验虽

苏布拉马尼扬·钱德拉塞卡（1910—1995）

然误差很大，但足以把爱因斯坦推上了科学界的巅峰，从此爱因斯坦获得了世界性的声誉。

爱丁顿比钱德拉塞卡大 28 岁，曾是一位少年天才。1882 年爱丁顿出生在英国，自幼就对数学如痴如醉，甚至很小的时候就会流利背诵乘法表。长大后的他，从事恒星物理学研究，取得了令人瞩目的成绩，且骄傲过人。爱丁顿与女朋友谈恋爱时，有一天晚上他们躺在草地上看星星。女朋友出神地望着美丽的星空，对爱丁顿说："看，闪烁的星星好美！"爱丁顿说："确实。然而此时，我是这个世界上唯一真正懂得为什么星星会闪烁的人。"语气里充满了无比的自信和难以言说的孤独感。

钱德拉塞卡在乘船前往英国的途中，就写了一篇有分量的论文。在这篇论文中，钱德拉塞卡通过精密的计算得出：假如一颗白矮星的质量大于 1.4 太阳质量，那么这颗白矮星内部电子的简并压将无法抗衡强大的万有引力，导致白矮星持续塌缩，最终滑向无尽的未知的深渊（科学界当时尚未完全理解的未知领域）。

电子的简并压是由泡利不相容原理引起的。泡利不相容原理，即同一状态不能容纳两个电子。打个比方，图书馆内的每一张桌子上只能有一个学生（电子）学习，不允许两个学生（电子）共享同一张桌子。这样，每个学生都有自己专属的空间，就像每个电子拥有独特的量子态。对电子来说，这种相互的排斥造就了电子的简并压。在白矮星中，电子简并压提供了一种支撑力，以对抗星体自身的万有引力，从而保障白矮星的稳定性。

不可调和的学术分歧

钱德拉塞卡来到英国后，继续深入研究，并积极地在学术界分享他关于白矮星极限质量的理论。但导师爱丁顿不同意钱德拉塞卡的这一理论。爱丁顿认为：假如按照钱德拉塞卡所讲的那样，当恒星的质量远远大于 1.4 太阳质量时，万有引力应该会变得格外大，于是，恒星不会以白矮星的形式结束，而是可能收缩为一个密度无限大、曲率无限大的点。在爱丁顿看来，这是违背自然规律的。

爱丁顿表示："我认为应该有一个自然定律阻止恒星以如此荒唐的方式运动。"爱丁顿坚持己见，认为泡利不相容原理不能应用于相对论性系统，而这与钱德拉塞卡论文中的观点形成了鲜明的反差——钱德拉塞卡在论文中考虑了电子的速度达到相对论速度时的效应。

基于爱丁顿的权威，天文学界基本上接受了他的见解。这让钱德拉塞卡深陷一种孤立无援的困境。相对于沉默的钱德拉塞卡，爱丁顿尖锐地指出："你是基于恒星的角度来看待问题，而我是从整个自然界的角度来考虑问题。"有一次，钱德拉塞卡在做学术报告时，爱丁顿当着很多人的面，撕毁了钱德拉塞卡的论文。这不仅让钱德拉塞卡在众人面前丢尽了颜面，也让他感到极度的不公。

钱德拉塞卡与爱丁顿的见解不可调和，这使得钱德拉塞卡在英国学术界难以获得合适的职位。1936 年，惆怅的钱德拉塞卡离开了剑桥大学，来到了美国芝加哥大学继续他的研究工作。

由于爱丁顿的无理取闹，钱德拉塞卡的诺贝尔奖迟到了 50 年！直到 1983 年，钱德拉塞卡才因"白矮星的最终命运"方面的研究而获得诺贝尔物理学奖。值得注意的是，这一研究成果实际上是钱德拉塞卡在 20 岁时就已经完成的。这份迟到的诺贝尔奖不仅是对他个人才华的认可，也是对科学真理的尊重。

赵忠尧
错失诺贝尔奖的中国物理学家

2022 年 6 月 27 日是著名物理学家赵忠尧院士诞辰 120 周年的纪念日。当天，中国科学技术大学举办了"纪念赵忠尧先生诞辰 120 周年学术研讨会"。

赵忠尧 1902 年出生于浙江绍兴诸暨，年轻时曾在南京高等师范学校读书，毕业后担任国立东南大学物理系助教。后来，著名物理学家叶企孙北上筹备清华大学物理系，赵忠尧跟随叶先生一起前往北京，开始在清华大学工作。随后，赵忠尧选择自费出国留学，他来到美国加州理工学院，跟随物理学家罗伯特·密立根教授进行物理研究。正是在美国加州理工学院求学期间，赵忠尧成为世界上第一个成功观测到反物质现象的科学

赵忠尧（1902—1998）

家。凭借这项科学成就，赵忠尧本来是可以获得诺贝尔物理学奖的。

首次观测到反物质现象

在这次纪念活动中，著名物理学家、诺贝尔物理学奖获得者李政道先生委托其子李中清宣读了发言稿。李政道教授在发言稿中指出："1929 年，赵忠尧在美国加州理工学院从事研究工作，观察到硬 γ 射线在铅中引起的一种特殊辐射，实际上这正是由正负电子湮没产生的 γ 射线，所发现的 γ 光子的能量恰好是电子的静止质量（0.5 MeV）。赵老师的这一实验是对正电子质量最早的测量！从实验所测量的 γ 光子的能量证明了这是正负电子对的湮灭辐射，也是正电子存在的强有力的证明。这是人类在历史上第一次观测到直接由反物质产生和湮灭所造成的现象的物理实验。"

反物质的概念最早是由英国著名物理学家保罗·狄拉克提出的。所谓反物质，其实就是与正物质电荷相反但质量相等的基本粒子。赵忠尧是历史上第一位观测到反物质相关物理现象的科学家，这一点已得到科学界的广泛认可和赞誉。

在这次纪念活动中，赵忠尧先生的学生代表、中国科学院理论物理所的张肇西院士致辞。张肇西院士表示：赵忠尧先生作为观测到反物质现象的第一人，却因为种种原因错失诺贝尔物理学奖。张院士的这番话，不仅表达了对赵忠尧先生的敬意，也反映了科学界对赵忠尧先生贡献的普遍认可和对其未能获诺贝尔奖的遗憾。

关于这一点，曾任诺贝尔物理学奖评审委员会主席的埃克斯彭先生来访中国时，两次谈道："诺贝尔物理学奖疏漏赵忠尧先生的历史功绩，是一件令人不安的、无法弥补的事情。"值得注意的是，关于发现反物质的诺贝尔物理学奖，后来被颁发给了赵忠尧在美国加州理工学院的同事。

投身加速器实验

除了发现反物质现象，赵忠尧在中国加速器与对撞机技术发展上留下了浓墨重彩的一笔，他甚至还曾为此被扣留在日本。

　　1946 年，赵忠尧先生第二次赴美，一边学习加速器技术，一边为在中国建立加速器实验室做各种准备。1950 年，他再次归国，途经日本横滨时被扣留，后历经千辛万苦才回到祖国怀抱。

　　回到祖国的赵忠尧，立刻投身于中国科学院近代物理研究所（中国原子能科学研究院的前身）的创建工作，同时领导加速器的研制工作。

　　面对当时国内资源匮乏、技术落后的困境，赵忠尧不畏艰难，利用从美国带回来的器材零部件，建成了我国第一台 70 万电子伏质子静电加速器。仅仅过了三年，他又主持研制出了 250 万电子伏的质子静电加速器。这两台加速器的研制成功，为中国后续的原子弹研发做出了巨大贡献。

　　在这次纪念活动中，诺贝尔物理学奖得主、华人物理学家丁肇中先生通过视频连线做了主题发言，他指出："赵忠尧院士的发现——光可以变成正负电子对，启发了我一系列的实验。"丁肇中先生详细介绍了现代粒子物理、正负电子对撞机及粒子物理宇宙学的前沿发展，充分肯定和缅怀了赵忠尧先生对中国物理事业的卓越贡献。

温伯格
电弱统一理论的奠基人

2021 年 7 月 23 日，著名理论物理学家、1979 年诺贝尔物理学奖得主史蒂文·温伯格在美国逝世，享年 88 岁。温伯格是当今世界上数一数二的理论物理学家，他的去世不仅是物理学界也是整个科学界的巨大损失。让我们一起回顾一下这位伟大科学家的人生经历与学术贡献。

开创性工作

1933 年，温伯格出生于美国纽约。在纽约布朗克斯科学中学读书的时候，温伯格认识了一位名叫谢尔登·格拉肖的同学。多年以后，这两位昔日的同窗共同站在了科学界的巅峰——共

史蒂文·温伯格（1933—2021）

同获得了 1979 年的诺贝尔物理学奖。

温伯格中学毕业后进入美国康奈尔大学物理系学习，大学毕业后，前往丹麦哥本哈根理论物理研究所（即现在的尼尔斯·玻尔研究所）当研究生。1955 年，他回到美国普林斯顿大学继续学业，随后获得物理学博士学位。博士毕业后，温伯格的职业生涯可谓星光熠熠。他先后在哥伦比亚大学、加利福尼亚大学伯克利分校工作，也曾担任哈佛大学的讲座教授、麻省理工学院的访问教授等。

1967 年，温伯格发表了一篇杰出的物理论文——《轻子模型》。所谓轻子就是包括电子在内的一些微观粒子，这些微观粒子组成了我们的物质世界。在这篇论文中，温伯格把自然界 4 种基本作用力中的 2 种——电磁力和弱核力，巧妙地统一了起来。

电磁力可以描述我们日常生活中看到的一些现象：磁铁吸引铁钉，雷雨天的云层会发出闪电等。而弱核力主要发生在原子核内部，原子核的放射性有很大一部分是由弱核力引起的。比如，一些大型医院里用来治疗癌症的伽马刀，其发出的伽马射线就是由钴原子核在弱核力的作用下产生的。

温伯格认为：虽然电磁力与弱核力表面上看起来很不一样，但它们可能是同一个"弱电力"的不同侧面。这就好像一个光滑的圆柱体，你在正上方俯视它，以为它是一个圆，而从侧面看它，你会以为它是一个长方形。但实际上，圆柱体才是它唯一的真相，圆与长方形只不过是圆柱体在不同侧面的图像。

温伯格用规范场论的数学物理方法把电磁力与弱核力统一起来。所谓规范场论，也就是杨-米尔斯理论，其主要思想是：找到一个数学上的群，然后用这个群来描述不同的力。

温伯格的电弱统一理论认为：在传递弱核力的过程中，需要基本粒子来扮演传递者一样的角色，而"传递者"就是中间玻色子（W 玻色子和 Z 玻色子）。由于当时的技术水平有限，全球的粒子加速器规模尚不足以提供足够高的能量来产生它们，因此实验上暂时没有发现中间玻色子的踪迹。

理论被证实

1971 年，荷兰的理论物理学家杰拉德·特·胡夫特和马丁纽斯·韦尔特曼发展了温伯格的理论。他们通过深入研究，证明了温伯格的理论是可重整化的。可重整化是将量子世界与现实世界联系起来的一种计算技术，可以处理计算中出现的无穷大问题，从而使得最终的物理结果是有限的、可观测的，并且与实验数据相一致。胡夫特和韦尔特曼的工作表明，温伯格的理论是可以描述现实世界的。

1973 年，欧洲核子研究中心的科学家，利用庞大的重液泡室和由加速器产生的中微子束流，成功观测到了中性流反应。由于中性流反应涉及 Z 玻色子的交换，从而间接地证明了 Z 玻色子的存在，这在实验上验证了温伯格理论。因此，温伯格获得了 1979 年的诺贝尔物理学奖。

1983 年，意大利物理学家卡洛·鲁比亚和荷兰物理学家西蒙·范德梅尔在欧洲核子研究中心，利用超级质子同步加速器找到了 W 玻色子存在的证据。这进一步验证了温伯格的电弱统一理论。

温伯格的理论构成了现代粒子物理学的标准模型，丰富了人类的自然概念。他的去世是科学界的一大损失，但他的理论和思想将继续激励着后来的科学家探索自然。

------ 知识卡片 ------

▶ W 玻色子是因弱核力的"弱"（weak）字而得名的。Z 玻色子则因为其带有零（zero）电荷而得名。

▶ W 玻色子有两种类型：带正电荷的 W^+ 和带负电荷的 W^-，其中 W^+ 是 W^- 的反粒子。而 Z 玻色子（Z_0）是电中性的，不带电，它本身就是其自身的反粒子。这三种粒子的寿命都很短，其半衰期约为 $3×10^{-25}$ 秒。

▶ 这三种粒子都可以传递弱相互作用，但因为它们的质量很大，所以传递相互作用的距离就很短。W 玻色子的质量为 80.4 吉电子伏特，而 Z 玻色子的质量为 91.2 吉电子伏特，它们各自的质量大约是质子质量的 100 倍，甚至超过了铁原子的质量。玻色子的质量越大，则传递相互作用的距离就越短。反过来说，因为传递电磁力的光子无质量，所以电磁力可以传递到无限远。

吴健雄
验证宇称不守恒

2021 年 2 月 11 日，恰逢中国春节，美国邮政总局发行了纪念杰出美籍华裔物理学家吴健雄的永久性邮票，并同步发行了吴健雄首日封。吴健雄作为女性科学家的典范，虽然已去世多年，但她的生平和成就在美国乃至全世界有着深远的影响。

宇称不守恒的实验验证

1956 年，在美国从事科研工作的华人物理学家李政道、杨振宁提出一种设想：在 β 衰变过程中，宇称不守恒。这是他们深入调研了大量与弱相互作用（其主要导致原子核的衰变）相关的文献后，得出的结论。在此之前，物理学界普遍认为宇称

吴健雄（1912—1997）

守恒是一个不证自明的基本物理定律。然而，李政道和杨振宁在调研过程中发现，没有任何一个实验可以证明弱相互作用中宇称是守恒的。之后，李政道和杨振宁合作完成了一篇论文，不仅阐述了他们的理论观点，还提出了两个可能的实验方案，用于在弱相互作用中检验宇称守恒性。

为了验证这一设想，哥伦比亚大学物理系的吴健雄与美国国家标准局的研究人员合作开展了一项实验。他们在极低温条件下，用强磁场把钴-60原子核的自旋方向进行极化处理，然后观察钴-60原子核在β衰变过程中释放的电子的出射方向。所谓极化，就是在低温环境下利用磁场的作用使原子核的自旋方向趋于一致，这可以类比为军队中的士兵们整齐划一地执行向左转的命令。实验结果显示，在 β 衰变过程中，大多数电子的出射方向都和放射源钴-60 原子核的自旋方向相反。

1957 年 1 月，吴健雄及其合作者终于完成了实验，并证实了在弱相互作用中宇称不守恒的猜想。吴健雄把这一实验的论文发表在知名学术期刊《物理评论》上，值得一提的是，同一期《物理评论》上还发表了哥伦比亚大学物理系的利昂·莱德曼教授及其合作者的论文，该论文用另一种方法证实了相同的结论——弱相互作用中宇称不守恒。

哥伦比亚大学为这项科学新发现举办了一场新闻发布会，李政道作为该校物理系的教授出席了发布会，当时杨振宁也受到了邀请，但他没有出席。第二天，《纽约时报》在头版头条报道了这一科学进展，使得宇称不守恒的理论在公众中引起了巨大的轰动。

诺贝尔奖评选的复杂考量

李政道和杨振宁因提出 β 衰变中宇称不守恒的设想，并经吴健雄等学者的实验得到验证，最终荣获了 1957 年的诺贝尔物理学奖。然而，在实验中发挥了关键作用的吴健雄却没有获得诺贝尔奖。这背后有什么原因吗？

首先，吴健雄与美国国家标准局超低温实验室的恩奈特·安布勒教授合作了关键实验。因为当时为了极化钴-60 原子核，需要用到液氦超低温设备，而哥伦比亚大学没有这样的设备，所以吴健雄就借用了美国国家标准局的设备。这就使得吴健雄与安布勒同时成为论文的主要贡献者。如果吴健雄获得诺贝尔奖，那么安布勒也应被考虑在内。这样一来，加上理论贡献者李政道和杨振宁，涉及的科学家总数超出了诺贝尔奖最多授予三位的限制。

其次，1957 年 1 月，吴健雄的实验已经取得了初步成果时，她及时与李政道分享了这个好消息。李政道非常兴奋，随后，他与哥伦比亚大学物理系的同事（包括莱德曼）共进午餐时，传达了这一消息。得知吴健雄实验取得了初步成功，莱德曼也重新设计了另一个实验，仅用了 3 天时间就得出了实验结果，同样推翻了弱相互作用中的宇称守恒定律。

再者，莱德曼的论文与吴健雄的论文几乎是同时提交给了《物理评论》编辑部，并在同一时间发表。所以，通过物理实验证明宇称不守恒的，还包括莱德曼团队。从人数上看，这又超出了诺贝尔奖的人数限制。

诺贝尔奖评选委员会在评选过程中可能经历了复杂的考量，最终，宇称不守恒领域只有理论方面获得诺贝尔奖，而实验方面与之无缘。这不得不说是一个遗憾。

吴健雄未能与李政道、杨振宁共同获得 1957 年的诺贝尔奖。很多人觉得不公平。毕竟，没有实验，理论就无法被证实。对此，吴健雄曾经这样写道："尽管我从来没有为了得奖而去做研究工作，但是，当我的工作因某种原因而被人忽视时，这依然深深伤害了我。"吴健雄的名字和她的研究成果，将永远被铭刻在科学殿堂中。

—————— 知识卡片 ——————

▶ "宇称"是描述一个基本粒子与其"镜像"粒子之间对称性的概念。人在照镜子时，镜中的影像和自己总具有完全相同的容貌、表情、打扮和动作。这是因为镜中的影像本质上是光子在镜面上的反射形成的，这一过程涉及电磁相互作用，而电磁相互作用是遵守宇称守恒的。

▶ 在以上的解释中，我们可以把人看成是由许多基本粒子组成的系统，在不涉及弱相互作用的情况下，这些基本粒子与其"镜像"粒子的所有性质完全相同，它们的运动规律也完全一致。这种现象被称为"宇称守恒"。

▶ 然而，在弱相互作用的世界中，宇称守恒的概念不再适用。这就好比我们沿着京沪高速，先从北京去上海，返程时从上海到北京，分别沿着不同的车道开车，消耗的油量也可能不同。

周培源
广义相对论的中国奠基者

2022 年 8 月 28 日，由北京大学、九三学社中央委员会、中国科学技术协会共同主办的"纪念周培源先生诞辰 120 周年座谈会"在北京大学中关新园举行。周培源先生是中国著名流体力学家、理论物理学家、教育家和社会活动家，曾与爱因斯坦有过直接交流。而且，周培源是文化界的一位重要人物，他与建筑学家梁思成、林徽因夫妇是亲家。

周培源 1902 年出生在江苏宜兴，1924 年毕业于清华大学，1927 年到美国加州理工学院深造，次年获博士学位，是中国首位从美国加州理工学院毕业的博士生。1929 年学成归国后，周培源成为清华大学物理系的一名教授，后曾任清华大学教务长、

周培源（1902—1993）

北京大学校长、中国科学院副院长等。

周培源是中国物理学界的杰出代表，其学术成就主要集中在爱因斯坦广义相对论和流体力学中的湍流理论。

在广义相对论的研究领域，周培源曾在美国与爱因斯坦有过直接交流。早在20世纪20年代，他就求得了关于广义相对论方程的轴对称静态引力场的一些解。回国后，他致力于广义相对论的研究与推广，其学生胡宁在引力波研究方面有着独到的见解，后来也成为广义相对论领域的权威人物。此外，胡宁的学生于敏是我国核物理学的领军人物，被誉为"中国氢弹之父"，其学术成就同样令人瞩目。

20世纪70年代末，周培源在广义相对论的研究中提出了把"谐和条件"作为一个物理条件引入引力场方程。所谓"谐和条件"是指在某种特殊的坐标系中，度量张量与克里斯多菲符号的缩并结果等于0。这种特殊的条件简化了广义相对论中的一些复杂计算，为理论的进一步发展和应用提供了便利。

20世纪80年代，周培源致力于广义相对论的基本问题，即在坐标变换下，看似不同的解本质上是否为同一解的不同表现形式。据资料介绍，周培源对照流体力学中的保角变换，认为这一情形应该是不同的解，而不是单一解的不同表现形式。这一观点为广义相对论的解的分类提供了新视角。

在流体力学的湍流理论研究方面，早在20世纪30年代初，周培源就认识到湍流场和边界条件关系密切。流体力学涉及的方程与爱因斯坦广义相对论方程都是高度非线性的偏微分方程，两者有很大的相似性。所以，他参照广义相对论中的处理方法，求出了流体力学中雷诺应力等所满足的微分方程。

1940年，周培源写出了第一篇论述湍流的论文，在国际上第一次提出湍流脉动方程，并用求剪应力和三元速度关联函数满足动力学方程的方法建立了普通湍流理论，从而奠定了湍流模式理论的基础。

在那个特殊的年代，当有人批判爱因斯坦相对论时，作为中国科学界有影响力的人物，周培源明确指出："爱因斯坦的狭义相对论批不倒，爱因斯坦的广义相对论在学术上有争论。"

在这次纪念活动现场，中国科学院院士、中国力学学会理事长方岱宁回忆了周培源先生为我国力学事业发展辛勤耕耘，为提升中国力学在国际上的影响力所开展的艰苦卓绝的工作。他认为：周培源先生对科学事业执着的追求，以及在困难时刻坚持真理的勇气和科学态度，是他留给我们的最宝贵财富，将影响一代又一代学人。

知识卡片

▶ 广义相对论和流体力学中的湍流理论虽然看似是两个完全不同的领域，但它们之间存在一些相似之处，尤其是在数学处理和理论建模方面。

▶ 首先是数学上的联系：广义相对论描述的是宇宙中大尺度的引力现象，而湍流理论则是研究流体（如水或空气）在小尺度上的复杂运动。两者都涉及非线性的偏微分方程。它们在数学结构上是类似的。

▶ 其次是边界条件的重要性：在广义相对论中，我们研究的是整个宇宙或其中一部分的边界，比如黑洞的事件视界。而在湍流理论中，我们关注的流体与容器壁之间的边界——这里诞生了著名的边界层的概念。

▶ 再次是数值方法的应用：由于这些方程的复杂性，通常需要使用数值方法来求解。在广义相对论中，科学家使用数值模拟来研究黑洞碰撞等现象；在湍流研究中，数值模拟帮助我们理解流体在不同条件下的行为。

▶ 周培源院士通过将广义相对论中的数学方法和理论思想应用到流体力学的湍流问题上，展示了跨学科研究的力量。这种方法可以启发我们在面对复杂系统时，如何从其他领域借鉴有效的理论和技术。

于敏
中国培养的"氢弹之父"

2019 年 1 月 16 日，"中国氢弹之父"于敏去世。之前有关于敏的报道很少，他几乎是一个鲜为人知的人物，但他的贡献对中国乃至世界产生了深远的影响。

在核武器领域，全世界的氢弹结构模型只有两种：一种是美国的 T－U 模型，即泰勒-乌拉姆模型，这一模型由著名物理学家爱德华·泰勒提出，他是杨振宁在美国芝加哥大学读书时的博士论文导师；另一种就是中国的于敏模型，这是于敏先生独立提出的，体现了中国科学家的创新精神和卓越智慧。

中国的氢弹研发完全依靠中国科学家的自主创新，没有依赖任何外国技术。氢弹设计的核心挑战在于：当原子弹作为触

于敏（1926—2019）

发装置来引爆氢弹时，如何做到既能高效地引燃氢弹，又避免在氢弹完全点燃前其结构被破坏。这就好像用打火机点燃香烟，关键在于确保香烟在被点燃之前不会被打火机的火焰折断。于敏模型解决了这一难题。

不过，许多人可能没有意识到，不仅中国的氢弹模型是中国本土的原创，连"中国氢弹之父"也是中国本土培养的。

1926 年 8 月，于敏出生在天津一个贫寒家庭，父亲是一位小职员，母亲是一位普通的家庭妇女。于敏高中毕业时，父亲因病失去了工作，家里经济状况更加拮据，无力承担他的大学学费。然而，命运的转机也在此时出现。天津启新洋灰公司决定伸出援手，资助于敏读书，但条件是他必须报考公司所需要的工科专业。1944 年，于敏考上了北京大学工学院电机系，1946 年从工学院转入物理系学习。

1949 年，于敏大学毕业并考取了北京大学物理系的研究生，导师是张宗燧教授。张宗燧后来在北京师范大学物理系担任教授，传授知识，培养后学。再后来，他进入中国科学院数学研究所继续从事研究工作，是中国理论物理的宗师级人物。

张宗燧曾经在英国剑桥大学完成了博士学位，起初专注于统计物理学。后来，在丹麦哥本哈根大学的理论物理研究所（"哥本哈根学派"发源地）工作期间，张宗燧接触了量子场论的前沿知识，开始研究量子场论。所以，当张宗燧回国并到北京大学担任教授时，其实他是量子场论领域的权威。中国科学院数学研究所的陆启铿院士曾在文章中提及，张宗燧在多复变函数与量子场论色散关系方面有重要发现。

于敏跟随张宗燧做研究，也学了一些量子场论的知识。但是不久由于张宗燧生病，改由胡宁教授指导于敏继续研究。胡宁的学术经历非常丰富。他曾在美国加州理工学院取得博士学位，跟随冯·卡门（被誉为"航空航天时代的科学奇才"）研究流体力学与湍流。这一经历为胡宁日后成为广义相对论的专家打下了基础。后来，胡宁前往美国普林斯顿高等研究院，跟随物理学家泡利从事量子理论与广义相对论的研究。

1951 年，于敏在北京大学完成了研究生学业，当时中国尚未建立博士学位授予制度。凭借其卓越的学术成就，他被推荐至中国科学院近代物理研究所担任助理研究员。该研究所是我国第一个核科学研究基地，从此，于敏正式踏入了核物理研究领域。

1965 年，于敏转至第二机械工业部第九研究院（中国工程物理研究院的前身），开始专注于核武器的研究。1967 年，中国成功进行了第一颗氢弹爆炸试验，这标志着中国在核武器领域迈出了重要一步。值得注意的是，从于敏加入第九研究院到氢弹试验成功，仅用了两年多的时间。

从学术师承关系上来看，张宗燧与胡宁是于敏的导师。从时间上来看，于敏在北京大学物理系的读书生涯十分紧凑：他在 1946 年至 1949 年完成了本科学业，随后在 1949 年至 1951 年继续攻读研究生学位。值得注意的是，于敏并没有选择出国深造，而是在中国本土完成了他的全部学术训练。

因此，于敏是完全由中国本土培养的"氢弹之父"。这不仅凸显了于敏个人的才华和努力，也反复证明了中国有能力在本土培养出世界级的科研人才。

安德森
凝聚态物理学的开创者

美国著名物理学家菲利普·安德森于 2020 年 3 月 29 日离世，享年 96 岁。安德森曾于 1977 年荣获诺贝尔物理学奖，被誉为"当代最有思想的物理学家之一"，是凝聚态物理学的开创者。

目前，物理学大致分为四大研究领域。一是广义相对论、引力理论与天文学领域，研究宇宙的基本力和结构。二是高能物理领域，主要研究中微子等基本粒子的性质。三是冷原子与光学领域，研究低温下的原子行为和光学现象。四是凝聚态物理领域，专注于固体和液体的物理性质。

凝聚态物理学的研究对象主要是固体与液体（注意，没有

菲利普·安德森（1923—2020）

气体），其学科基础是固体物理学。安德森是"凝聚态物理学"
这一概念的提出者与开创者。1967 年，他在英国剑桥大学任职
期间，最先把自己领导的固体物理学理论研究组改名为凝聚态
物理理论研究组，从而为这一领域的研究和发展奠定了基础。

1974 年，安德森成为美国贝尔实验室的助理研究员，展示
了卓越的研究能力，随后他放弃了剑桥大学提供的客座教授职
位，专注于自己的研究工作。1976—1984 年，安德森担任贝尔
实验室的物理研究实验室主任，领导并参与了多项重要研究。

安德森的学术成就中，最为人们所熟知的是他 1972 年发表

的《更多则不同》。在这篇文章中，他提出了"衍生论"的概念，这一观点与当时主流的"还原论"形成了鲜明对比。

还原论

还原论的基本思想是，物理学可以不断地向着越来越小的尺度去探索。比如，从宏观的物体到微观的分子，从分子到原子，再到更基本的粒子如质子、电子，进一步到夸克。还原论认为，物理世界是简单、纯粹的，终极的物理规律只有一个。

高能物理学主要是研究构成物质的基本粒子，并建立粒子物理的标准模型。2012 年，希格斯粒子被发现后，这一模型得到了极大的完善，尽管它依然无法解释为什么中微子会有质量。总之，高能物理学的基本思想是还原论。

还原论的思想最早可追溯到古希腊自然哲学家德谟克利特提出的古典原子论。后来，英国物理学家约翰·道尔顿等人提出了现代原子论。1905 年，爱因斯坦对布朗运动的解释，进一步发展了现代原子论。

原子论的本质也是还原论。在原子论中，任何物体都可以被分解为最小的结构单元，这些结构单元即为基本粒子，如光子、电子、中微子和夸克等。基本粒子类似于数学中的素数，它们是不可再分的基本构成单元。换言之，基本粒子是最小的物质组成单元。

衍生论

尽管还原论在物理学中有着悠久的历史，但现代物理学中还有一种与还原论相对的理论，即衍生论。衍生论由安德森提出，其强调整体的性质不能简单地通过其组成部分的性质来解释，因为整体可能具有其组成部分所不具备的特性。

为了理解衍生论，我们不妨举个例子：世界上所有的东西都由原子构成，但为什么单个铁原子与单个硅原子不具备计算能力，而由铁原子和硅原子组成的计算机能执行复杂的任务，如播放电影和运行游戏？这就需要用到衍生论的观点。

衍生论一般是基于统计物理学与固体物理学，其核心思想是：当大量原子聚集在一起时，它们相互作用能衍生出新的物理规律。比如，单个汞原子不可能具有超导性，但当汞以宏观形态存在（如实验室里的汞样本）时，其在低温下就会具备超导性，而这个超导性的物理规律是衍生出来的。这就好比一群乐手组成的乐队，单独的乐器只能发出单一的音符，而当它们合奏时，却能创造出美妙和谐的交响乐。这表明整体的效果超越了单个部分的简单总和。在衍生论中，一切现象都是由多原子的相互作用激发而来的。

安德森不仅提出了衍生论，而且在凝聚态物理学研究的多个领域有重要贡献。1958年，他提出了电子局域化理论，以及关于低温超导的安德森定理。1970年，他提出了自旋玻璃的概念，并与合作者建立了第一个关于自旋玻璃的理论。1984 年，安德森从贝尔实验室退休，但他的工作和思想继续影响着物理学界，使他成为物理学思想史上的一座高峰。

汤川秀树
日本首位诺贝尔奖得主的挑战

很多人都知道，原子核是由质子与中子构成的，而质子是带电的。大家有没有想过这个问题：根据"同性相斥、异性相吸"的原理，质子与质子之间存在很强的排斥力，既然存在排斥力，那么原子核为什么没有炸裂呢？这说明原子核的质子与质子之间，应该还存在一种吸引力。这种吸引力可以抵抗电荷之间的排斥力。利用清晰的物理思想来描述原子核内部这种吸引力的第一位科学家，是日本物理学家汤川秀树。

原子核稳定之谜

汤川秀树出生于 1907 年，在日本京都长大。京都是一个文

汤川秀树 (1907—1981)

化古城，城市建设格局仿照中国唐朝的长安城。汤川秀树在少
年时代就深受中国古典文学的影响，对老子、庄子的思想有深
刻的理解和认识。1922 年，爱因斯坦访问日本。当时还是中学
生的汤川秀树聆听了爱因斯坦的演讲，深受鼓励，决心投身物
理学研究。之后，他考入了京都大学物理系，开始了他的学术
生涯。

　　1935 年，汤川秀树已经成为日本大阪大学物理系的教师，
讲授的课程是当时物理学界最前沿的量子力学。除了教学，汤
川秀树还从事科学研究工作。当时，物理学研究已经深入到原
子核内部结构。英国物理学家卢瑟福于 1911 年发现原子核内含

有质子，英国物理学家詹姆斯·查德威克于 1932 年通过理论与实验证明了原子核内存在中子。

于是，一个新问题就产生了：既然质子是带正电的，原子核中的质子与质子之间就存在很强的排斥力，那么这个排斥力为什么没有导致原子核变得不稳定？这说明原子核内还存在另一种力，这种力能把质子与质子"捆绑"在一起，从而维持原子核结构稳定。

当时，汤川秀树用量子力学去解释这一现象。量子力学中存在着所谓的"海森堡不确定性原理"，即在一个极短的时间内，真空中的能量可以短暂地转化为物质。换言之，一个粒子可从真空中因借到能量而产生。那么，根据海森堡不确定性原理，汤川秀树假设在质子与质子之间存在一个新的粒子，新粒子是从真空中借到能量，然后迅速归还能量。

为了形象地说明这一过程，我们可以借助一个想象：这个转瞬即逝的粒子如同皮球，而质子则像两个正玩耍的小孩。一个小孩抛出皮球，另一个小孩接住它，通过这种抛接球的游戏，小孩之间产生了一种相互吸引的力。那么在原子核内，质子之间通过不断地"交换"这种假设中的新粒子，产生了强大的吸引力，使得它们紧密地结合在一起。

不完美的介子理论

汤川秀树就用这一模型解释了原子核的稳定性，并把这种新粒子命名为"介子"，并估算出介子质量约为 300 倍的电子质量。汤川秀树在这项研究工作中提出了一个关键的猜想——介子在原子核内的运动速度接近光速，也就是说，汤川秀树认为介子的静止质量非常小。而这个猜想其实是错误的。

后续研究显示：原子核内的介子的静止质量大约为 130 兆电子伏特，而其动能仅为 1 兆电子伏特这个量级。基于这些数据，算得原子核内的介子的速度约为光速的 1/10，这与光速还相差甚远。因此，汤川秀树的估算方法是不正确的。

1947 年，英国布里斯托大学的物理学家塞西尔·鲍威尔及其团队，在一座高山的山顶通过实验发现了宇宙射线产生的一种新粒子。这种新粒子可以带正电或带负电，它们通过弱相互作用衰变为中微子和缪子。

经过精确测量，鲍威尔发现这种新粒子的质量为电子质量的 273 倍，与汤川秀树先前估算的 300 倍电子质量非常接近。鲍威尔团队最终确认，他们发现的正是汤川秀树所预言的粒子。因此，汤川秀树于 1949 年获得了诺贝尔物理学奖，这是日本历史上第一个诺贝尔奖。不过，汤川秀树在估算方面的贡献较小，能拿到诺贝尔奖也算是一种意外。

知识卡片

▶ 海森堡是德国物理学家，他提出的海森堡不确定性原理是量子理论的基础原理之一。这个原理的数学基础是傅里叶变换，它揭示出一个微观粒子的动量与位置无法同时确定。具体来说，

当我们对一个粒子的动量测量得越准确，其位置的不确定性就越大；反之，如果我们能非常精确地测定一个粒子的位置，那么它的动量就变得很不确定。

▶ 用通俗的语言来说，在量子世界里，如果牛顿在看到苹果落地时能精确测量出苹果的位置，那么他将无法准确知道苹果下落时的速度是多少。然而，在宏观世界中，因为苹果的质量很大，所以这个不确定性原理引起的效应就微乎其微。这就是为什么在日常生活中，牛顿力学可以准确地描述物体的运动，而不需要考虑量子力学的效应。

张首晟
探索拓扑绝缘体的未竟之旅

2018 年 12 月，杰出的物理学家张首晟教授在美国加利福尼亚州离世，这一消息震惊了学术界和公众。他的去世引发了众多猜测和讨论，其中就包括一些关于他学术背景的误解。一些媒体报道错误地将张首晟描述为杨振宁教授的博士生。

其实，张首晟在美国纽约州立大学石溪分校读博士的时候，他的导师是著名超引力专家、荷兰高能物理学家纽文豪森。当然，杨振宁曾经给张首晟带来深远影响，使他的研究方向从高能物理转向凝聚态物理，这一转变对他的科学成就有着重要作用。

张首晟（1963—2018）

拓扑绝缘体是张首晟预言的吗

拓扑绝缘体是拓扑物态的一种。所谓拓扑，实际上就是我们在日常生活中说的形状，比如自行车内胎呈现出一个形状，数学家说它有一个拓扑。当然，对拓扑绝缘体来说，拓扑是指电子能带的波函数在动量空间的拓扑。

2016 年的诺贝尔物理学奖，授予了提出拓扑物态这一概念的三位科学家——戴维·索利斯、邓肯·霍尔丹和迈克尔·科斯特利茨。张首晟教授在拓扑绝缘体领域所做的贡献是，他预测了拓扑绝缘体将在什么材料中被发现。

张首晟教授及其团队最初是在二维材料上预测了拓扑绝缘体的存在，后来中国科学院物理研究所的研究人员在三维材料上预测了拓扑绝缘体的存在，大大拓展了这一领域的研究范围。目前，已经发现的拓扑绝缘体材料达几百种，相关研究工作成绩斐然。从这个意义上说，张首晟教授的开创性工作是很了不起的。从理论到现实，能在实际材料中找到拓扑绝缘体，这项工作的重要性不言而喻。

拓扑物态领域的三位科学家已在 2016 年获得诺贝尔物理学奖，这表明诺贝尔奖对拓扑领域的研究成果给予了认可。张首晟教授的工作与这一领域紧密相关，所以张首晟教授是有可能获得诺贝尔物理学奖的。当然，由于拓扑绝缘体这一概念并不是张首晟教授最先提出来的，美国宾夕法尼亚大学的查尔斯·凯恩和尤金·梅莱比张首晟教授早一年提出，所以即使得奖，张首晟教授也应该是与他人共同分享而不是独享诺贝尔物理学奖。遗憾的是，张首晟教授在 2018 年意外去世，而诺贝尔奖通常不授予已故人士。

拓扑绝缘体可以做芯片吗

拓扑绝缘体其实不是完全绝缘的。这种材料的内部是绝缘的，只有表面导电，且表面导电时的功耗很低——不会产生因电子运动而引发的焦耳热，所以很多人认为拓扑绝缘体适合做芯片。

其实，拓扑绝缘体在理论上可以应用于量子计算机，并不是经典计算机，也就是说拓扑绝缘体不能做传统的微电子芯片（经典芯片）。

计算机的核心是芯片，而量子芯片与经典芯片是完全不同的两个概念，就像我们在生活中谈论一个作为水果的苹果与一个苹果手机，虽然都被称为"苹果"，但是内涵差距很大。量子芯片与经典芯片虽然都叫"芯片"，但是其实不是同一个事物，它们在工作原理和设计上有着本质的区别。

拓扑绝缘体在量子计算领域的应用潜力虽然在理论上备受瞩目，但目前仍处于探索和研究阶段，相关的物理实验尚未验证这些预期。因此，无论是器件层面还是应用层面，拓扑绝缘体与芯片之间还存在着遥远的距离。

追忆梁灿彬老师

梁灿彬教授（左）与作者的合影

悼我的启蒙老师梁灿彬教授：

　　　　四十年前芝城求学相对论，学贯中西；

　　　　三十年来京师执教宇宙学，桃李天下。

2022 年虎年春节期间，我从赵峥老师那里得知梁灿彬老师因慢性白血病合并肺炎住进了医院的 ICU，在这之前他依然带病坚持给学生上课。

自从离开北京后，我已经很少关心北京的人与事，但梁老师是我的启蒙老师，跟随他学习知识的日子是我永远不会忘记的。

1938 年，梁灿彬出生于广东中山，随后因为日寇侵华，他在澳门度过了少年时代。按照金庸在《袁崇焕评传》里的说法，广东历史上出了两位影响中国历史的大人物：一位是孙中山，另一位是袁崇焕。我曾经在看金庸的《袁崇焕评传》时，泪流满面，那时我还年轻。

同样在年轻的时候，我考进了北京师范大学物理系，那是在 2000 年。那是中国申办北京奥运会的日子，也是中国努力加入世界贸易组织（WTO）的日子，一切看起来都充满挑战，但未来又充满了希望。对于我这样一个从浙江乡村中学突然进入中国首都的年轻人来说，北京虽然有很多知识分子，也有很多爱国志士，但内心深处，我不禁回想起鲁迅在《藤野先生》中的描绘："东京也无非是这样。上野的樱花烂漫的时节，望去确也像绯红的轻云，但花下也缺不了成群结队的清国留学生的速成班……"

北京也无非是这样……

但事情马上就变得神圣起来……

在大学讲堂上，首先出场的是研究过氢弹与原子弹的黄祖洽院士，他给我们讲了近代的新物理知识。

随后出场的梁灿彬教授给我们做了"奇妙的黑洞"科普讲座。在那次讲座中，梁老师说："黑洞就是一奇二妙，一奇是奇点，二妙就是黑洞的视界面。"我那时还不懂黑洞的视界面正比于黑洞的熵，所以感受不到黑洞的视界之妙。不过从那时起，我记住了物理系有一位梁灿彬老师，他的学术水平和深邃见解，令人敬仰。

到了大学二年级，我选修了梁老师的"微分几何入门与广义相对论"这门课。当时，梁老师所著的教材刚刚由北京师范大学出版社出版，他经常亲自骑自行车去出版社，为我们这些经济拮据的学生购书，因为他是作者，购书有优惠。梁教授的课堂总是充满活力，他用流利的英文讲述"Given a manifold..."，给同学们留下了深刻的印象。梁老师关心每个学生的学习进展，一次我在宿舍休息时，接到梁老师的电话，他询问另一位同学的情况。原来，这位同学选了梁老师的课，但他好久没有去上课了，梁老师就打电话了解情况。

梁老师的课是本科生与研究生一起上的，随着课程难度的增加，一些本科生选择了退课。坚持到最后的那些本科生，都是喜欢微分几何与相对论的。梁教授的课还有个特别之处：即使逃课了，也不会扣学分。我选了梁老师的课，学习过程充满了挑战，还是勉强坚持了下来，经过两年的努力，算是学了一点皮毛。

一天晚上，梁老师如往常一样，在物理系的答疑教室解答学生的提问。这是北京一些高校的传统，每周答疑的时间似乎亘古不变。我带着几分好奇，向他提出了一个关于流形上的微分同胚群与其拓扑性质之间关系的深奥问题。这个问题其实是我在漫无目的地看书后，走火入魔般提出的，梁老师暂时回答不了。

后来有一天，我在校园里走，忽闻熟悉的声音大喊我名字——竟然是梁老师骑着他那辆老旧的自行车，急匆匆地赶往邮局。他远远地看见了我，就停下车，挥手示意我过来。梁老师脸上洋溢着热情的笑容，和我分享了他对那个问题的一些思考和见解。那一刻，我感到震惊和感动。我原以为自己的问题不过是一时兴起的随意之问，却没想到梁老师还记得。

梁老师给我们讲过很多微分几何与相对论相关的知识，我至今印象深刻的有以下几个事情：

① 在相对论中，任意观察者的世界线，其四维速度与四维加速度一定是正交的。这一特性类似于牛顿力学中匀速圆周运动的速度与加速度一定是垂直的。

② 二维黎曼曲面总是共形平坦的。

③ 一个超曲面正交的矢量场，需要满足佛罗本尼斯条件。

虽然这些知识在我的日常工作中不直接应用（也就是说，它们并不直接转化为经济收益，因为我没有从事学术研究），但每当我回想起这些理论时，我总能感受到北京师范大学那柏拉图学院般的学术氛围，我曾经也是这学术殿堂的一员。

梁老师虽然平时对学生很关心也很随和，但他有时候也很严肃。我有一位师姐因为要出国，找梁老师写推荐信，梁老师婉拒了。梁老师给出的理由大致如下：首先，他认为自己在国外学术圈没什么名气，担心推荐信的影响力不足；其次，他对师姐的学术研究水平还不能完全满意。这种高标准、严要求同样体现在梁老师的教学和评价中。在他的著作中，他经常提及那些学术表现出色的学生，如曹周键、张宏宝和韩慕辛等，他们都是我尊敬的师兄和师弟。虽然我自己的学术水平尚未达到梁老师的要求，但也激励我不断努力。

一天，我看到梁老师与曹周键合著的《从零学相对论》一书的序言中，有这样一句："我以前的一个学生张华在采访我的时候……"显然，我在梁老师的心中，是一位记者，而不是一位学者了。

事情是这样的，我曾经担任百度相对论吧的吧主，参与科普工作。当时受部分网友的委托，我去采访了梁老师，问过他一些科学问题，还录了视频发在网络上。所以，说我是一位记者或科普作家，显然也没什么错。后来，我果然搞起了科普工作，采访过一些著名科学家。虽然早已经毕业，但我还是很想搞明白相对论，也一直很尊敬梁老师，就买了他的教材继续学习。

工作后，我与梁老师单独见面的时间不多。有一次，北京师范大学第二附属中学邀请他去做讲座，是我陪他一起去的。梁老师 80 周年生日宴与学术讨论会在北京师范大学举行，张宏宝邀请我去参加，于是我又见到了梁老师。又过了一段时间，我意识到自己快要离开北京了，就到梁老师家里再次看望了他——其实我不知道这算不算是与他道别，因为我没有明确表达自己即将离开北京，梁老师也没跟我深入讨论学术研究，他更多的是跟我聊起了他正在服用的药和一些生活上的事情。也就是那段时间，我以前指导过的一个学生叫黄宇傲天，他经常陪梁老师去医院看病，这让我很欣慰。

后来，我就再也没有机会见梁老师，虽然有时候会在微信上与他聊几句。记得有一次，我在微信上问他，当年他与芝加哥大学的研究相对论的盖罗奇教授等共同撰写的论文中，关于计算世界线上的动量性质的一个公式。梁老师回复说，他已经不记得以前的工作了。

梁老师是 1981 年赴美国芝加哥大学学习广义相对论，跟随沃德教授与盖罗奇教授学习彭罗斯的抽象指标语言下的广义相对论。梁老师是把美国先进的相对论思想引入中国的学者，在一定程度上也推动了中国物理教育的革新。从百年的历史视角来看，他的工作也是一种西学东渐。我认为，梁老师所著的《微分几何入门与广义相对论》堪称中国版的《费曼物理学讲义》。

　　我毕业后，偶有闲暇，依然关注着梁老师的研究，我曾读过他与盖罗奇等学者在 20 世纪 80 年代发表的关于广义相对论火箭的论文。在这篇论文里，我逐渐领悟到一个重要概念：要想穿越时空，火箭可能需要携带巨大质量的燃料，而这些燃料与材质无关，也就是说无论是木头还是石头，理论上都可以作为广义相对论火箭的燃料。

　　最后一次与梁老师在微信上交流，他告诉我一件重要的事情：他与曹周键一起创作的《量纲理论与应用》一书即将出版，他对此书非常重视。后来，我购得此书并阅读后，发现确实很有价值。书中提到了斯特藩-玻尔兹曼定理的推导，以架空历史的方式，假设玻尔兹曼当时用量纲理论来推导黑体辐射的辐射功率与温度的关系时，如果他不引入普朗克常数，那么他将采取何种方法……在此书中，我看到了很多精彩绝伦的物理洞察，大部分是梁老师独到的思想，让我觉得不仅伟大，也很亲切。曹师兄也向我透露，《量纲理论与应用》一书是梁老师毕生心血的结晶。

　　梁老师不仅是一位学者，也是一位英雄人物——他数十年严谨治学，堪称大学者与大思想家。对我个人来说，我在北京也是很幸运的，我遇见了梁灿彬老师。

　　2022 年 2 月 16 日一早，赵峥老师在微信上告诉我，梁灿彬老师于当天早上 8 点 15 分与世长辞了。那一刻，泪水涌上眼眶，心中是难以言喻的哀伤。2021 年春节，我失去了给我生命的父亲；而 2022 年春节，我失去了引领我智慧之路的梁老师。

云山苍苍，江水泱泱，先生之风，山高水长。

我在上海，遥望北京，梁老师一路走好。

后记

　　2019年元旦开始，我利用业余时间给《科学画报》写专栏文章，这一写就是四载春秋。起初，我并未预料到这些专栏文章最终会集结成书，尽管写物理科普文章一直是我的热情所在，也使我有机会与读者分享科学的魅力。

　　如今，这些文章经过上海科学技术出版社孙云女士的认真编辑整理，已成型为书。感谢赵峥老师和我大学同学罗会仟为本书作序，为这本书增添了不一样的视角。整本书的设计和内容，已经非常适合大家阅读了。这是一本可以每天随手翻阅的书，每篇文章都是相对独立的科学故事，内容上没有太多的连续性，科学上又遵循了一定的科学逻辑，适合快节奏的社会，也能唤醒求知的心灵。

愿此书，能帮助您真切地理解近代物理学，领略物理万象之美。

物理学是自然之律，简洁而深邃。

这本书可以影响青少年，使他们热爱科学；这本书传播科学知识，理论上也可以促进国家科技进步；这本书的读者，也许将来会投身于芯片制造、卫星设计、核动力航母的研制等领域。这本书传递的科学精神和科学价值，可能不经意间造就量子计算、人工智能等新兴技术领域的未来领军人物，间接地推动了社会生产力的发展。

以上是此书的社会意义，对我个人而言，此书也有意义。

2019 年，我与赵峥老师合著出版《〈时间简史〉导读》后，转眼间已过去了 5 年。对我个人来说，这期间我从北京到上海，完成了一场地理的"迁徙"，并出版这本新书，也许是我人生旅途中的一个新坐标点。感谢陈磊，5 年前我初到上海，是他为我安排了优质岗位，开启了我职业生涯的新篇章。

岁月不饶人，我已步入不惑之年。在这个年纪，我已深刻地体会到，人生的道路虽已逐渐清晰，但成功与失败的界限已不再那么分明。现在的我，更愿意把时间和精力用来见证孩子的成长，多回家乡陪伴母亲，以及一步步还清生活的负担。

那些年少时的梦与理想，已如镜花水月般，渐行渐远。我已不再追逐轰轰烈烈，而是在平凡中寻找生活的深意。

　　1981年我出生在浙江省绍兴市上虞东关街道，我的父母都是农民。竺可桢就出自我们乡镇，女儿红酒厂离我家不远。早年，我受教于春晖中学，这所历史上的江南名校，铸就了我早年的学术梦想。后来，我考入北京师范大学，这段经历开启了我广阔的学术视野。

　　我的人生旅程颇为曲折，有较为坎坷的经历。虽不敢比拟电影情节中的跌宕起伏，却也自成篇章。我有幸与学术泰斗有过交集：与霍金对话，拜访丘成桐、王贻芳院士，与哥伦比亚大学的数学家张伟一起喝咖啡——那些经历，让我与留名青史的人物如此之近。

　　我曾去北京人民大会堂参加科协相关的会议，也在那里观摩过华人数学家大会。我也在清华大学科学馆的办公室，凝视过外面的草坪，参与其《向美而行——清华大学美育之路》的编委会工作，感受着学术与美育的交融。

　　从农民之子到科普工作者，我的视野因物理学而拓宽，生活因教育而丰富。我在一些大学与研究所的讲台上分享知识，在一些中学课堂上启迪思想。物理学不仅改变了我的个人生活轨迹，也赋予了我小小的荣誉与认可。

　　写作科普，现在已经成为我生活的一部分，让我找到了于纷扰尘世里存在的意义。否则，我可能会在虚无中徘徊。

　　此书即将出版，我感激我的父母张月康与张彩珍。父母含辛茹苦培养我读书到研究生毕业，才使我有学识能写下这些文字。

我要感谢我的外婆王花英。我小时候，她总是不断给我一些零花钱，我还记得她买菜回来时带给我香蕉与苹果，以及她用稻草为我烧饭、在晒谷场上帮我收谷的情景。我的外婆以她的善良与勤劳影响了我的少年时代，她给我的爱，贯穿了我的一生。

我衷心感谢每一位在我生活中留下印记的人。以下是我特别想要表达感激之情的亲朋好友和尊敬的师长（排名不分先后）：张宝林、张玲娟、陈荷美、韩伟灿、赵吉莉、邱为钢、曹然、赵峥、张宏宝、马永革、刘润球、吴骏、陈雁北、田禾、张小华、张轲、任小娟、陈磊、金观祥、任卿毅、王华萍、严文花、李培明、罗会仟、潘颖、吴宝俊、何红建、梁灿彬、张苗、黄宇傲天、胡燕、范春苗、孔宣淇、杨锦波、陈玫竹、万义顿、徐鼎皓、罗璐璐。对于所有未在此提及姓名，但曾给予我帮助或恩情的人，我同样心怀深深的感激。你们的支持和鼓励是我前进的动力，我将永远铭记在心。

谨以此书，纪念我的父亲张月康。